烘焙快乐厨房

人气甜点
在家做

黎国雄◎主编

黑龙江科学技术出版社
HEILONGJIANG SCIENCE AND TECHNOLOGY PRESS

图书在版编目（ＣＩＰ）数据

人气甜点在家做 / 黎国雄主编. -- 哈尔滨 ： 黑龙
江科学技术出版社，2018.1
（烘焙快乐厨房）
ISBN 978-7-5388-9405-9

Ⅰ．①人… Ⅱ．①黎… Ⅲ．①甜食—制作 Ⅳ.
①TS972.134

中国版本图书馆CIP数据核字(2017)第273192号

人 气 甜 点 在 家 做

RENQI TIANDIAN ZAIJIA ZUO

主　　编	黎国雄
责任编辑	宋秋颖
摄影摄像	深圳市金版文化发展股份有限公司
策划编辑	深圳市金版文化发展股份有限公司
封面设计	深圳市金版文化发展股份有限公司
出　　版	黑龙江科学技术出版社
	地址：哈尔滨市南岗区公安街70-2号　邮编：150007
	电话：（0451）53642106　传真：（0451）53642143
	网址：www.lkcbs.cn
发　　行	全国新华书店
印　　刷	深圳市雅佳图印刷有限公司
开　　本	685 mm×920 mm　1/16
印　　张	13
字　　数	120千字
版　　次	2018年1月第1版
印　　次	2018年1月第1次印刷
书　　号	ISBN 978-7-5388-9405-9
定　　价	39.80元

Contents
目录

Chapter 3 柔软蛋糕篇

Chapter 4　甜蜜面包篇

Chapter 5　巧克力、糖果、布丁篇

Chapter 6　派与酥饼篇

Chapter 1

甜点制作常识

　　想要在家制作出缤纷的甜蜜点心，需要准备工具、材料并了解制作的基础知识。本章将为您介绍制作甜点的入门常识，为您在家做出一份好吃、精致的甜点打好基础。

工具篇

　　拥有这些基础工具，您才能制作出多种甜点。在家学习甜点的制作，先买了这些工具再说吧！

01　手动打蛋器

手动打蛋器适用于打发少量黄油。某些不需要打发的环节，只需要把鸡蛋、糖、油等混合搅拌，使用手动打蛋器会更加方便、快捷。

02　电动打蛋器

电动打蛋器更方便、省力，全蛋的打发用手动打蛋器很困难，必须使用电动打蛋器。

03　慕斯圈

慕斯圈用于制作慕斯或提拉米苏等需要冷藏定型的蛋糕。用保鲜膜包裹住慕斯圈的底部，先放入烤好的蛋糕体或者饼干底，然后倒入慕斯液，放入冰箱冷藏即可。

04　塑料刮板

塑料刮板可以将粘在操作台上的面团铲下来，也可以协助我们把整形好的面团移到烤盘上去，还可以用来分割面团，是辅助整形的好帮手。

05　油布或油纸

烤盘需用油布或油纸垫上，以防半成品粘在烤盘上不便于清洁。有时在烤盘上涂油同样可以起到防粘的效果，但采取垫纸的方法可以免去清洗烤盘的麻烦。

06　裱花袋

裱花袋可以用于挤出蛋糕糊，还可以用来做蛋糕表面的装饰。搭配不同的裱花嘴可以挤出不同花形的饼干坯和各式各样的奶油装饰，可以根据需要购买。

07　擀面杖

擀面杖是面包、饼干面团整形过程中必备的工具，主要用于将面团擀平，或将其擀成不同的形状。

08　电子秤

在制作烘焙产品的过程中，我们要精准称量所需材料的质量，此时就需要选择性能良好的电子秤，以保证将产品的口感和风味完美地展现。

09　活底蛋糕模具

活底蛋糕模具在制作蛋糕时使用频率较高，喜欢制作蛋糕者可以常备。"活底"更方便蛋糕烤好后脱模，保证蛋糕的完整，非常适合新手使用。

10　橡皮刮刀

这种刮刀，适用于搅拌面糊。在粉类和液体类材料混合的过程中起重要作用。在搅拌的同时，它可以紧紧贴在碗壁上，把附着在碗壁上的蛋糕糊刮得干干净净。

材料篇

　　这些是制作甜点最常用到的材料，看看你准备齐全了吗？这些东西在超市中就能购买到，制作甜点的准备工作一点儿也不复杂。

01　无盐黄油

它是从牛奶中提炼出来的油脂。本书中制作的产品多采用无盐黄油。无盐黄油通常需要冷藏储存，使用时要提前室温软化，若温度超过 34℃，无盐黄油会呈现为液态。

02　面粉

本书中所用到的面粉分别有低筋面粉、高筋面粉和中筋面粉。制作面包时多使用高筋面粉，其他产品多用低筋面粉，一些特殊的配方才会使用中筋面粉。

03　细砂糖

制作甜点常用到的糖类，除此之外还会用到质地细腻的糖粉或糖浆。使用细砂糖是因为其颗粒结晶小，容易和配方中的油类融合，甜度较高。

04　泡打粉

泡打粉又称复合膨松剂、发泡粉和发酵粉，是由小苏打粉加上其他酸性材料制成的，能够通过化学反应使蛋糕快速变得膨松、软化，增强蛋糕的口感。

05　粟粉

粟粉又称玉米淀粉，有白色和黄色两种，含有丰富的营养，具有降血压、降血脂、抗动脉硬化、美容养颜等保健功能，也是适宜糖尿病病人食用的佳品。

06 鸡蛋

鸡蛋是制作甜点最常用的材料之一。一个鸡蛋约重 50 克，其中蛋黄的重量约 20 克，鸡蛋越大其蛋白的重量越重，蛋黄的重量不变。

07 牛奶

牛奶在制作甜点时常常使用，用于增添甜点的奶香风味。牛奶中富含蛋白质，有补充钙质的作用。一般来说，在制作甜点的过程中需要使用全脂牛奶。

08 淡奶油

淡奶油即动物奶油，脂肪含量通常为 30%~35%，可打发后作为蛋糕的奶油装饰，也可作为制作原料直接加入到蛋糕体的制作中。日常需要冷藏储存，使用时再从冰箱拿出。

09 奶油奶酪

奶油奶酪是牛奶浓缩、发酵而成的奶制品，含有较高的蛋白质和钙。日常需要密封冷藏储存，通常为淡黄色，具有浓郁的奶香味，是制作奶酪蛋糕的常用材料。

10 巧克力

巧克力是甜点中经常使用的材料之一，以各种不同的形式出现，如可可粉、黑巧克力、白巧克力等。可可粉为干性粉末，常与面粉等粉末一起筛入材料中，而除入炉巧克力外的巧克力都需要隔温水熔化再使用，水温在50℃左右即可。

甜点制作的基础知识

这些制作甜点的技法常识您都知道吗？快来学一学吧！成功制作美味甜点的秘诀都在这里！

黄油

我们常常说的将黄油打发，即是将黄油加入如糖粉、糖霜、细砂糖、糖浆等糖类，用电动打蛋器搅打至膨松发白。需注意的是，黄油应是室温软化的状态。过硬的黄油打发后会变成蛋花状，影响口感。

蛋白

蛋白打发至硬性发泡的状态即是将蛋白及糖类倒入搅拌盆中，用电动打蛋器快速打发，至提起打蛋器头可以拉出鹰嘴状。需要注意的是，此操作过程中所用的容器和打蛋器必须无水、无油，且要加入糖类，否则可能出现无法打发、持续呈现液体状的情况。初学者可以加些许柠檬汁，以提高成功率。

液体

将配方中的液体材料分次倒入打成羽毛状的黄油中。每次倒入都需要将液体与黄油搅打均匀，这样才能保证黄油与液体材料充分混合，减少因一次性加入过多的液体导致水油分离的情况。

粉类

质地细腻的粉类吸收了空气中的水分会发生结块的情况，因此使用时需要过筛。过筛的方式有两种，一种是直接筛入打发的黄油中；另一种是将粉类提前过筛备用，但放置时间不宜过长，否则粉类会再次结块。

面包的制作流程

面包的制作需要掌握十步流程，按部就班将面包制作的系统知识学会，就能玩转烘焙面包，成为面包大师！

混合 **01**

将配方中的干性材料和湿性材料混合，通常盐和无盐黄油除外，这两种材料需要在揉的步骤中放入，不同的配方也有些许出入。

揉的第一阶段 **02**

先揉除了盐和无盐黄油的干性和湿性材料。面团湿黏粘手是正常的现象，可以借助刮板将材料聚合在一起，这一过程大约需要10分钟。在这个过程中，不可以随意添加配方外的粉类。

揉的第二阶段 **03**

将成形的面团擀平，包入无盐黄油、盐，继续揉至面团与之完全融合。除了揉外，还需要用上全身的力气进行甩打的动作，增加面团的筋性。最后，面团会变得十分光滑，并且能拉出薄膜。这一过程大约需要15分钟。然后把面团放入盆中，盖上保鲜膜进行基本发酵。

第一次发酵 **04**

它又叫基本发酵，是为了让面团产生二氧化碳，使体积膨胀。发酵时应覆上保鲜膜，制造一个封闭的环境，防止面团水分流失，导致面团表皮硬化。发酵的最佳温度是28~30℃，时间是50分钟左右。第一次发酵后，轻轻挤压面团使面团排气，排气后，面团的酵母活性及面的筋性得到增强。

分割　05

完成基本发酵后，根据制作的面包所需的面团分量，将面团均匀地分成若干个小面团。

揉圆　06

先将面团的外边向内折，收口朝下放置在桌面上，用手掌覆盖整个面团，把面团揉圆，这样可以将气体保留在面团内。

第二次发酵　07

它又叫中间发酵，也叫松弛。揉圆后，面团会变得相对紧绷，将面团静置，让紧绷的面团松开，方便成形，发酵时最好覆盖保鲜膜，防止水分流失。常温下松弛 15 分钟即可，如果室内温度低于 25℃，可以在面团周围放几杯温水，使温度和湿度达到一定的条件。

整形　08

根据所制作的面包造型，将面团揉成不同的形状。整形的方式不一样，面包的口感也会出现变化。

第三次发酵　09

它也叫最后发酵。整形后的面团同样会变得紧绷，发酵所需的时间根据环境不同，需做出调整。包馅料的面包，或者表面需刷全蛋液的面包，既可以在最后发酵前进行，也可以在发酵好后进行。

烘焙　10

烘烤的温度和时间会因烤箱的功能有所变化，所以有必要进行烤箱的温度测试。本书中的温度仅供参考，读者需根据实际情况，略微调节烤箱温度或烘烤时间。

（本书所提到的发酵是指在室内温度约 30℃ 的环境下进行的。若室内温度低于 30℃，需要根据实际温度，将发酵时间延长 10~20 分钟，发酵最后需使面团的体积膨胀至原来的两倍大。）

▶ 原料

无盐黄油 65 克

糖粉 45 克

全蛋液 15 克

低筋面粉 100 克

派皮的制作

▶ 做法

1. 在搅拌盆中放无盐黄油，再倒入糖粉。

2. 用手动打蛋器或者橡皮刮刀将材料搅拌均匀。

3. 倒入全蛋液，继续搅拌一会儿。

4. 将低筋面粉过筛至搅拌盆中，以橡皮刮刀翻拌至无干粉，继续拌一会儿成面团。

5. 操作台上铺好保鲜膜后放上面团用保鲜膜覆盖住，然后将其擀成厚度约 5 毫米的面皮。

6. 撕开保鲜膜，将面皮铺在圆形模具上，再用擀面杖擀去超出模具的面皮。

7. 用刮板沿着模具周围将多余的面皮切掉，即成派皮生坯。

8. 用叉子在派皮生坯底部均匀地戳透气孔，放入冰箱冷藏 5 分钟后取出，将其放入预热至 180℃的烤箱中层，烘烤约 18 分钟，取出，派皮完成。

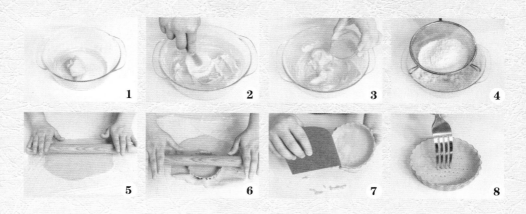

酥饼的制作

▶ 原料

无盐黄油 57 克

细砂糖 57 克

全蛋液 50 克

奶粉 6 克

低筋面粉 125 克

▶ 做法

1. 将无盐黄油倒入搅拌盆中。

2. 加入细砂糖，用电动打蛋器将无盐黄油搅打均匀。

3. 边倒入全蛋液，边搅打均匀。

4. 将奶粉、低筋面粉筛至搅拌盆中。

5. 以橡皮刮刀翻拌至无干粉状态，用手揉成光滑的面团。

6. 操作台上铺好保鲜膜后放上面团，用保鲜膜覆盖住，然后将其擀成厚度约 5 毫米的面皮。

7. 放入冰箱冷藏 30 分钟后取出，撕掉保鲜膜，用刀将面皮切成大小一致的长方形酥饼坯。

8. 烤盘上铺油纸，将酥饼坯放在铺油纸的烤盘上，放入预热至 160℃的烤箱中层烘烤约 20 分钟，取出，酥饼完成。

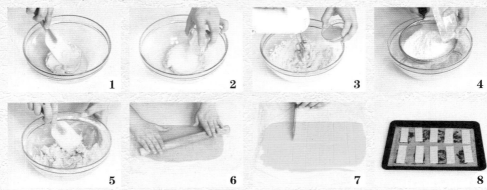

可爱酥脆小饼干

　　饼干体型小巧，入口酥脆，是常见的零食甜点和下午茶美食。让您口口满足的酥脆小饼干尽在这里，教您在家里也能做出店售滋味的小饼干，快来试一试吧！

扫一扫做甜点

「奥利奥可可曲奇」

时间： 60 分钟

原料 Material

无盐黄油------- 150 克

细砂糖-----------20 克

黄砂糖---------- 100 克

全蛋液-----------50 克

盐------------------- 2 克

泡打粉------------- 2 克

杏仁粉-----------30 克

低筋面粉------- 195 克

入炉巧克力------35 克

奥利奥饼干碎---20 克

做法 Make

1. 将无盐黄油室温软化，放入搅拌盆中，加入细砂糖，搅拌均匀。

2. 加入黄砂糖，搅拌均匀。

3. 倒入全蛋液，搅拌至全蛋液与无盐黄油完全融合。

4. 加入盐、泡打粉、杏仁粉，搅拌均匀。

5. 加入切碎的入炉巧克力，搅拌均匀。

6. 筛入低筋面粉，用橡皮刮刀翻拌至无干粉的状态。

7. 用手轻轻揉成光滑的面团。

8. 将面团放入冰箱冷冻约 15 分钟。

9. 拿出面团，将面团揉搓成圆柱体，再次放入冰箱冷冻约 15 分钟，方便切片操作。

10. 取出面团，在表面撒上奥利奥饼干碎装饰。

11. 将面团切成厚度约 4 毫米的饼干坯，放在烤盘上。

12. 将烤盘放入预热至 180℃的烤箱的中层，烘烤 12~15 分钟即可。

扫一扫做甜点

「旋涡曲奇」 时间：60分钟

原料 Material

无盐黄油---- 50 克

糖粉---------- 25 克

盐-------------- 1 克

全蛋液------- 20 克

低筋面粉--- 100 克

泡打粉-------- 1 克

可可粉-------- 8 克

做法 Make

1. 将室温软化的无盐黄油搅拌均匀。

2. 加入糖粉，搅拌至无干粉状态。

3. 倒入全蛋液, 加入盐、泡打粉, 每次加入都需要搅拌均匀。

4. 筛入低筋面粉，用橡皮刮刀翻拌至无干粉的状态。

5. 分出一半面团做原味面团。

6. 另一半面团筛入可可粉，做可可面团。

7. 桌上铺上一层保鲜膜。

8. 将可可面团置于保鲜膜上擀成厚度约 2 毫米的面皮。以同样的方式，在桌上铺一层新的保鲜膜，将原味面团放在上面，擀成厚度约 2 毫米的面皮。

9. 将两种面皮拎起，没有保鲜膜的一面相对，均匀叠加在一起。

10. 揭开上层保鲜膜，拎起下层保鲜膜的一端，卷起面皮。

11. 卷成双色面团，放入冰箱冷冻约 30 分钟。

12. 将双色面团切成厚度约 3 毫米的饼干坯, 放在烤盘上, 放入预热 160℃的烤箱中层，烘烤 15 分钟即可。

「紫薯蜗牛饼干」

时间：85 分钟

 原料 Material

紫薯面团	原味面团
无盐黄油---- 50 克	无盐黄油---- 25 克
糖粉--------- 45 克	糖粉--------- 25 克
盐----------- 0.5 克	淡奶油--------5 克
淡奶油------ 20 克	杏仁粉--------5 克
熟紫薯------ 40 克	低筋面粉---- 50 克
杏仁粉------ 10 克	
低筋面粉---- 40 克	

做法 Make

1. 将室温软化的 50 克无盐黄油加入 45 克糖粉充分搅拌后加入盐，搅拌均匀。

2. 加入 20 克淡奶油，搅拌均匀。

3. 加入碾成泥的熟紫薯，搅拌均匀。

4. 筛入 10 克杏仁粉和 40 克低筋面粉，用橡皮刮刀翻拌至无干粉的状态，揉成光滑的紫薯面团。

5. 参考做法 1、做法 2 和做法 4，制作原味面团。

6. 在面团底部铺保鲜膜，用擀面杖将两种面团擀成厚度为 3 毫米的饼干面皮，卷起面皮。

7. 卷好制成双色面团，放进冰箱冷冻约 1 小时。

8. 取出，将面团切成厚度为 3 毫米的饼干坯，放置在烤盘上，再放进预热至 180℃的烤箱中层，烘烤 12 分钟即可。

「燕麦红莓曲奇」

时间：65 分钟

扫一扫做甜点

原料 Material

无盐黄油---- 65 克
玉米糖浆---- 60 克
全蛋液------- 50 克
即食燕麦---- 70 克
低筋面粉---100 克

泡打粉--------- 1 克
红莓干------- 40 克

做法 Make

1. 准备一个无水无油的搅拌盆，并准备好橡皮刮刀和手动打蛋器。

2. 将室温软化的无盐黄油放入搅拌盆中，倒入玉米糖浆。

3. 用手动打蛋器大力搅拌至糖浆与无盐黄油完全融合。

4. 加入全蛋液、红莓干、即食燕麦，搅拌均匀。

5. 筛入低筋面粉、泡打粉，翻拌至无干粉状态，并揉成光滑的面团。

6. 将面团搓成圆柱体。

7. 完成后，用油纸包裹，放入冰箱冷冻约 30 分钟，方便切片操作。

8. 拿出冻好的面团，进行切片操作，切出厚度为 3 毫米的饼干坯，放在铺了油纸的烤盘上。

9. 烤盘放在预热至 160℃ 的烤箱中层，烘烤 15~18 分钟即可。

「燕麦香蕉曲奇」

时间： 60 分钟

扫一扫做甜点

原料 Material

无盐黄油---- 75 克	泡打粉--------- 2 克
细砂糖------100 克	香蕉--------- 50 克
盐-------------- 2 克	燕麦片------100 克
全蛋液------ 25 克	核桃碎------ 50 克
低筋面粉---- 50 克	可可粉------ 10 克

做法 Make

1. 将香蕉放在搅拌盆中，用擀面杖碾成泥。

2. 加入无盐黄油，搅拌均匀。

3. 加入细砂糖，搅拌均匀。

4. 倒入全蛋液，搅拌均匀，至全蛋液与无盐黄油完全融合，加入燕麦片和核桃碎，搅拌均匀。

5. 加入盐、泡打粉和可可粉，搅拌均匀；筛入低筋面粉，用橡皮刮刀翻拌至无干粉的状态。

6. 用手轻轻揉成光滑的面团，将面团揉搓成圆柱体，包上油纸，放入冰箱冷冻约 30 分钟。

7. 取出面团，切成厚度约 4 毫米的饼干坯，放在烤盘上。

8. 将烤盘放入预热至 180℃的烤箱中层，烘烤 15 分钟即可。

扫一扫做甜点

「果酱年轮饼干」

时间：90 分钟

原料 Material

无盐黄油---- 90 克

细砂糖------- 80 克

盐--------------1 克

鸡蛋-----------1 个

低筋面粉---200 克

草莓酱------- 40 克

蔓越莓干---- 20 克

做法 Make

1. 将无盐黄油放入搅拌盆中。

2. 加入细砂糖、盐，用电动打蛋器搅打至材料蓬松发白。

3. 倒入鸡蛋，搅打均匀，至全蛋液与无盐黄油完全融合。

4. 筛入低筋面粉，搅拌均匀至无干粉。

5. 将制好的面团包上保鲜膜，放入冰箱冷冻约 30 分钟。

6. 取出面团，用擀面杖擀成厚度约 5 毫米的面皮。

7. 在面皮的表面抹上草莓酱。

8. 撒上蔓越莓干。

9. 将面皮卷好，放入冰箱冷冻约 30 分钟。

10. 取出面团，切成厚度约 7 毫米的饼干坯。

11. 将饼干坯放在烤盘上。

12. 烤箱以上、下火 180℃预热，烤盘置于烤箱的中层，烘烤 15 分钟即可。

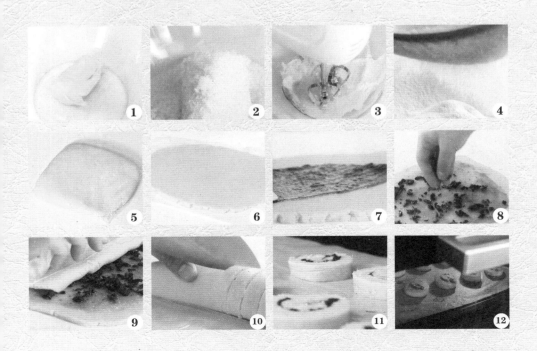

none
none
none
none

「玻璃糖饼干」

时间： 60 分钟

原料 Material

无盐黄油---- 65 克

细砂糖------- 60 克

盐----------- 0.5 克

全蛋液------- 25 克

香草精--------3 克

低筋面粉---135 克

杏仁粉------- 25 克

水果硬糖----- 适量

做法 Make

1. 将室温软化的无盐黄油放入搅拌盆中，加入细砂糖和盐，用手动打蛋器搅拌均匀。

2. 分 2 次倒入全蛋液搅拌均匀，加入香草精，每次加入都需要搅拌均匀。

3. 筛入低筋面粉和杏仁粉后用橡皮刮刀翻拌均匀，轻轻揉成光滑的面团。

4. 用擀面杖将面团擀成厚度约 3 毫米的饼干面皮。

5. 用花形饼干模具在面皮上压出 10 个花形饼干坯，再在其中的 5 个花形饼干坯中间抠出一个镂空的小圆。

6. 将两种饼干坯重叠在一起并放入铺好油纸的烤盘上。

7. 将水果硬糖敲碎。

8. 放入饼干坯凹处，烤盘放进预热至180℃的烤箱中层，烘烤约 10 分钟即可。

1   2   3   4

5   6   7   8

「牛轧糖饼干」

时间：90 分钟

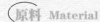 原料 Material

饼干体

无盐黄油---100 克

糖粉--------- 70 克

盐------------- 1 克

低筋面粉---170 克

杏仁粉------ 30 克

全蛋液------ 25 克

牛轧糖糖浆

淡奶油------100 克

麦芽糖------ 40 克

细砂糖------ 55 克

夏威夷果---- 90 克

无盐黄油---- 30 克

做法 Make

1. 将室温软化的 100 克无盐黄油加入糖粉和盐搅拌均匀。

2. 筛入低筋面粉和杏仁粉，用橡皮刮刀翻拌至无干粉的状态。

3. 倒入全蛋液继续搅拌均匀，揉成光滑的面团。

4. 用擀面杖将面团擀成厚度约 5 毫米的面皮。

5. 用大圆形饼干模具压出圆形面皮，再用小圆形饼干模具将中间镂空，剩余面皮可以反复使用。

6. 锅里加入淡奶油、麦芽糖、细砂糖，搅拌均匀。

7. 加入 30 克的无盐黄油，煮至浓稠后加入捣碎的夏威夷果，搅拌均匀后关火，牛轧糖糖浆制成。

8. 将牛轧糖糖浆倒在面皮镂空处，放进预热至 175℃ 的烤箱中层烘烤 10~12 分钟即可。

「樱桃硬糖饼干」

时间： 60 分钟

原料 Material

无盐黄油---- 50 克

糖粉---------- 25 克

盐--------------- 1 克

全蛋液------- 20 克

低筋面粉---100 克

泡打粉---------- 1 克

樱桃味硬糖-- 适量

黑巧克力----- 适量

做法 Make

1. 无盐黄油室温软化，加糖粉打发至蓬松羽毛状，再加入盐，搅打均匀。

2. 加入全蛋液，搅打均匀。

3. 将低筋面粉和泡打粉筛入无盐黄油中，用橡皮刮刀翻拌至无干粉，轻轻揉成光滑的面团。

4. 用擀面杖将面团擀成厚度约 2 毫米的面皮。

5. 使用花形压模压出饼干坯。

6. 取其中一半的饼干坯，用裱花嘴压出 2 个对称的小圆镂空。

7. 将镂空的小圆饼干坯贴合在完整的饼干坯上。

8. 将饼干坯放在铺了油纸的烤盘上，放入预热至 160℃的烤箱中层，烘烤 7~8 分钟至半熟。

9. 将樱桃味硬糖压碎。

10. 取出半熟的饼干，将糖碎放在饼干的小圆凹槽中。

11. 烤盘放入升温至 180℃的烤箱中层，烘烤 5~7 分钟，取出。

12. 用黑巧克力液在放凉的饼干坯上装饰出樱桃梗即可。

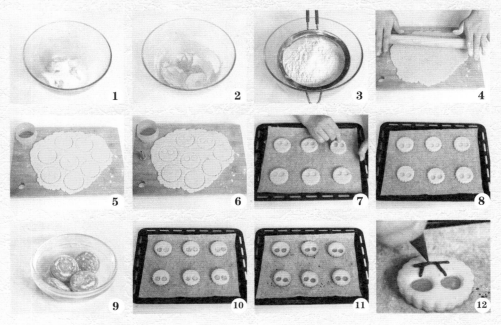

1 2 3 4
5 6 7 8
9 10 11 12

「花形焦糖杏仁饼干」 时间：80 分钟

原料 Material

饼干体

有盐黄油------- 65 克

糖粉------------- 40 克

淡奶油---------- 15 克

咖啡酱------------3 克

低筋面粉------105 克

焦糖杏仁馅

细砂糖---------- 45 克

透明麦芽糖---225 克

蜂蜜------------- 75 克

杏仁碎---------- 33 克

淡奶油-------- 7.5 克

有盐黄油------- 15 克

做法 Make

1. 将 65 克室温软化的有盐黄油加入糖粉搅拌均匀，再用打蛋器稍微打发。

2. 倒入淡奶油 15 克和咖啡酱搅拌至完全融合。

3. 筛入低筋面粉搅拌均匀，再揉成光滑的面团。

4. 将面团擀成厚度约 4 毫米的饼干面皮。

5. 用花形模具压出花形饼干坯，并用裱花嘴在花形饼干坯中间抠出圆形镂空，放入冰箱冷藏约 40 分钟。

6. 将细砂糖、透明麦芽糖、蜂蜜、7.5 克的淡奶油、15 克的有盐黄油放进锅中。

7. 煮至细砂糖化开再加入杏仁碎搅拌均匀，完成焦糖杏仁馅。

8. 取出饼干坯，将焦糖杏仁馅倒入镂空的部分，放进预热至 150℃ 的烤箱中层，烘烤 18~20 分钟即可。

1　2　3　4

5　6　7　8

「伯爵芝麻黑糖饼干」

时间: 75 分钟

 原料 Material

饼干体

有盐黄油----	88 克
糖粉---------	40 克
蛋白---------	15 克
低筋面粉---	105 克
伯爵茶粉------	2 克

焦糖芝麻馅

细砂糖-------	41 克
麦芽糖------	20 克
蜂蜜-----------	7 克
淡奶油---------	7 克
熟黑芝麻----	30 克

做法 Make

1. 75 克室温软化的有盐黄油倒入搅拌盆中，加入糖粉搅拌均匀，然后用电动打蛋器打至蓬松羽毛状。

2. 倒入蛋白，搅打均匀。

3. 倒入伯爵茶粉，搅拌均匀。

4. 筛入低筋面粉，用橡皮刮刀翻拌至无干粉的状态，轻轻揉成光滑的面团，放入冰箱冷藏约30分钟。

5. 取出后用擀面杖将面团擀成厚度约 4 毫米的饼干面皮。

6. 用六角形饼干模具在面皮上压出六角形饼干坯，再用圆形模具将中心镂空。

7. 将细砂糖、麦芽糖、蜂蜜、13 克的有盐黄油、淡奶油倒入锅中，煮至细砂糖化开，倒入熟黑芝麻搅拌均匀即成焦糖芝麻馅。

8. 将饼干坯放在烤盘上，焦糖芝麻馅填入镂空处，烤盘放入预热至 150℃的烤箱中层，烘烤 18~20 分钟即可。

「迷你布朗尼」

时间: 60 分钟

原料 Material

鸡蛋------------ 2 个　　　黑巧克力---- 50 克

黄砂糖------- 50 克　　　无盐黄油---- 85 克

玉米糖浆---- 20 克　　　核桃---------- 适量

盐----------- 0.5 克　　　杏仁---------- 适量

低筋面粉---- 90 克　　　开心果------- 适量

可可粉------- 10 克　　　腰果---------- 适量

泡打粉--------1 克

做法 Make

1. 将鸡蛋打散，放入黄砂糖、玉米糖浆和盐，用手动打蛋器搅拌均匀。

2. 筛入低筋面粉、可可粉和泡打粉，用橡皮刮刀翻拌均匀成细腻的面糊。

3. 将黑巧克力和80克的无盐黄油隔60℃的温水熔化成巧克力黄油，过程中需要不断地搅拌。

4. 将巧克力黄油加入到面糊中，搅拌均匀。

5. 取一个裱花袋，将面糊装入其中。

6. 在迷你模具上涂上5克的无盐黄油，将面糊挤入模具中，至八分满。

7. 表面用核桃、杏仁、开心果和腰果做装饰（可以根据喜好碾碎坚果或者放整颗坚果）。

8. 将迷你模具置于烤盘中，放进预热至165℃的烤箱中层，烘烤约15分钟即可。

扫一扫做甜点

「核桃布朗尼饼干」

时间： 60 分钟

原料 Material

黑巧克力---110 克

无盐黄油---- 50 克

黄砂糖------100 克

盐--------------- 2 克

鸡蛋----------- 2 个

低筋面粉---160 克

泡打粉-------- 2 克

核桃仁------- 适量

做法 Make

1. 将黑巧克力混合室温软化的无盐黄油，隔水加热，至无盐黄油和黑巧克力熔化，注意水温不要超过 50℃。

2. 加入黄砂糖，用手动打蛋器搅拌均匀。

3. 分 2 次倒入鸡蛋，每次倒入都需要搅拌均匀。

4. 加入盐和泡打粉，搅拌均匀。

5. 筛入低筋面粉，翻拌均匀至无干粉的状态，成光滑的面糊。

6. 将光滑的面糊装入裱花袋，用剪刀将裱花袋剪出约 1 厘米的开口。

7. 在烤盘上挤出水滴形状的饼干坯，并用整颗的核桃仁在饼干坯上装饰。

8. 将烤盘放入预热至 180℃的烤箱中层，烘烤 13~15 分钟即可。

「伯爵茶飞镖饼干」

时间： 60 分钟

原料 Material

无盐黄油---- 45 克　　　低筋面粉---- 50 克

糖粉--------- 25 克　　　泡打粉--------1 克

盐--------------1 克　　　伯爵茶粉------5 克

全蛋液------ 10 克　　　香草精--------1 克

做法 Make

1. 无盐黄油室温软化，加入糖粉，用电动打蛋器搅打至蓬松羽毛状。

2. 加入全蛋液，搅打至全蛋液与黄油完全融合。

3. 加入香草精，搅打均匀。

4. 加入盐，搅打均匀。

5. 将伯爵茶粉放入无盐黄油碗中。

6. 筛入混合了泡打粉的低筋面粉用橡皮刮刀翻拌至无干粉，并轻轻揉成光滑的面团。

7. 用擀面杖将面团擀成厚度约 3 毫米的面皮。

8. 使用花形模具和圆形裱花嘴制作出飞镖的形状。

9. 将饼干坯移动到铺了油纸的烤盘上，放入预热至 170℃ 的烤箱中烘烤 15~18 分钟即可。

「双色饼干」

时间：60分钟

原料 Material

无盐黄油---120 克

糖粉---------110 克

盐--------------- 1 克

淡奶油------- 30 克

香草精--------- 4 克

低筋面粉---220 克

杏仁粉------- 60 克

可可粉------- 15 克

做法 Make

1. 充分搅拌室温软化的 60 克无盐黄油，再加入 55 克的糖粉和 0.5 克的盐，用手动打蛋器搅拌均匀。

2. 加入 15 克的淡奶油，搅拌至原料完全融合。

3. 加入 2 克的香草精，搅拌均匀。

4. 筛入 120 克的低筋面粉、30 克的杏仁粉，用橡皮刮刀翻拌至无干粉的状态，然后轻轻揉成光滑的原味面团。

5. 参考做法 1 至做法 4 用剩余材料制作出可可面团，只需要在做法 4 中多筛入 15 克的可可粉，翻拌均匀后轻轻揉成可可面团即可。

6. 将 2 份面团放进冰箱冷藏 30 分钟取出，用擀面杖擀成厚约 3 毫米的饼干面皮。使用较大的造型圆形饼干模具压出饼干坯，再用较小的爱心模具和圆形模具镂空饼干坯。

7. 用颜色不同的两种饼干坯相互填充镂空处成为双色饼干坯。

8. 将饼干坯放在铺好油纸的烤盘上，放进预热至 175℃的烤箱中层，烘烤约 10 分钟即可。

1   2   3   4

5   6   7   8

「紫薯饼干」 时间：60分钟

原料 Material

无盐黄油---- 60 克
糖粉---------- 50 克
盐------------ 0.5 克
全蛋液------- 25 克
低筋面粉---120 克
紫薯泥------- 50 克
香草精--------2 克

做法 Make

1. 将室温软化的无盐黄油充分搅拌均匀，再倒入糖粉和盐搅拌均匀。

2. 分 2 次倒入全蛋液，搅拌均匀。

3. 加入香草精，搅拌均匀。

4. 加入紫薯泥，用橡皮刮刀搅拌均匀。

5. 筛入低筋面粉，用橡皮刮刀翻拌至无干粉的状态，轻轻揉成光滑的面团。

6. 用擀面杖将面团擀成厚度约 4 毫米的饼干面皮。

7. 用花形饼干模具压出饼干坯，去除多余的面皮。

8. 将压好的饼干坯放在铺了油纸的烤盘上，用叉子在面皮上戳出一排小孔。烤盘放进预热至175℃的烤箱中层，烘烤 8 分钟即可。

「杏仁奶油饼干」

时间：95分钟

原料 Material

饼干体

无盐黄油---- 80 克

糖粉---------- 80 克

盐----------- 0.5 克

低筋面粉---- 90 克

可可粉------- 10 克

牛奶---------- 10 克

杏仁奶油酱

杏仁---------- 适量

全蛋液------- 25 克

杏仁粉------- 45 克

香草精--------2 克

做法 Make

1. 将 50 克室温软化的无盐黄油放入搅拌盆中，加入 50 克的糖粉和 0.5 克的盐。

2. 倒入牛奶搅拌均匀。

3. 筛入低筋面粉、可可粉，用橡皮刮刀翻拌至无干粉的状态，再轻轻揉成光滑的面团，面团放入冰箱冷藏约30分钟。

4. 将面团从冰箱取出，用擀面杖擀成厚度约 5 毫米的饼干面皮，用大圆饼干模具压出圆形饼干坯，再用小圆饼干模具镂空中心部位，将饼干坯放入冰箱冷藏约30分钟。

5. 在另一个搅拌盆中放入 30 克的无盐黄油并加入 30 克的糖粉，少量多次加入全蛋液，再加入香草精和杏仁粉，搅拌均匀做成杏仁奶油酱。

6. 将杏仁奶油酱装入裱花袋中，并将裱花袋剪出一个直径为 8 毫米的开口。

7. 取出饼干坯，移至烤盘，在镂空的位置挤上杏仁奶油酱。

8. 在杏仁奶油酱上放整颗的杏仁，完成后将烤盘放进预热至 170~175℃ 的烤箱中层，烘烤 12~15 分钟即可。

1   2   3   4

5   6   7   8

「榛果巧克力焦糖夹心饼干」

时间： 80 分钟

 原料 Material

饼干体

无盐黄油--------- 70 克
榛果巧克力酱--- 50 克
糖粉-------------- 60 克
全蛋液----------- 15 克
低筋面粉-------123 克
可可粉----------- 12 克

焦糖夹心馅

细砂糖------- 25 克
水-------------- 4 克
淡奶油------- 28 克
有盐黄油---- 34 克
吉利丁片--- 0.5 克
盐------------- 2 克

做法 Make

1. 倒入室温软化的无盐黄油、榛果巧克力酱、糖粉，用橡皮刮刀搅拌均匀。倒入全蛋液，搅拌均匀。

2. 筛入低筋面粉、可可粉，翻拌至无干粉的状态，轻轻揉成光滑的面团。

3. 将面团擀成厚度约4毫米的饼干面皮，用圆形饼干模具压出圆形饼干坯，放入冰箱冷冻约30分钟。

4. 将淡奶油、水、细砂糖煮至120℃，出现焦色后关火，加入7克的有盐黄油搅拌均匀。

5. 加入泡软的吉利丁片搅拌均匀，再加入盐和27克的有盐黄油搅拌均匀，焦糖夹心馅完成。

6. 将放凉后的焦糖夹心馅放入裱花袋中。

7. 将冰箱中的面皮取出，除去多余的面皮，得到圆形饼干坯。

8. 将饼干坯放置在烤盘上，再放入预热至160℃的烤箱中层，烘烤约20分钟。

9. 取出后放凉，在其中一半的饼干内侧挤上焦糖夹心馅，再用另一半饼干覆盖即可。

「白巧克力双层饼干」 时间: 70 分钟

原料 Material

无盐黄油---- 75 克
细砂糖------- 40 克
白巧克力---- 82 克
淡奶油------- 20 克
低筋面粉---140 克

做法 Make

1. 将室温软化的无盐黄油和细砂糖先用橡皮刮刀搅拌均匀，再用电动打蛋器搅打至蓬松羽毛状。

2. 将 22 克的白巧克力隔水加热熔化成液体，加入装有无盐黄油的搅拌盆中。

3. 分 2 次倒入淡奶油，搅打均匀。

4. 筛入低筋面粉，用橡皮刮刀翻拌均匀，揉成光滑的面团。

5. 将面团揉搓成圆柱体，用油纸包好，放入冰箱冷冻 30 分钟。

6. 取出面团，用刀切成厚度约 4 毫米的饼干坯，放在铺了油纸的烤盘上。

7. 将烤盘放入预热至150℃的烤箱中层，烘烤约 16 分钟。

8. 将 60 克的白巧克力隔 50℃水熔化，挤入迷你玛芬模具中，再把冷却后的饼干放进模具中，放入冰箱冷藏至白巧克力凝固，取出即可。

「香草奶酥」

时间：60 分钟

原料 Material

无盐黄油---- 90 克

糖粉--------- 50 克

盐-------------- 1 克

鸡蛋----------- 1 个

低筋面粉---100 克

杏仁粉------ 50 克

香草精-------- 2 克

做法 Make

1. 将无盐黄油放在搅拌盆中，用橡皮刮刀压软。

2. 倒入打散的鸡蛋，用手动打蛋器搅拌均匀。

3. 加入糖粉，搅拌均匀。

4. 倒入香草精，搅拌均匀。

5. 加入盐，搅拌均匀。

6. 加入杏仁粉搅拌均匀，并筛入低筋面粉，用橡皮刮刀翻拌至无干粉的状态，制成细腻的饼干面糊。

7. 将饼干面糊装入已经装有圆齿形裱花嘴的裱花袋中，在烤盘上挤出爱心的形状。

8. 烤箱以上火170℃、下火160℃预热，将烤盘置于烤箱的中层，烘烤18分钟即可。

「红茶奶酥」 时间：60 分钟

原料 Material

无盐黄油---135 克

糖粉---------- 50 克

盐-------------- 1 克

鸡蛋----------- 1 个

低筋面粉---100 克

杏仁粉------- 50 克

红茶粉--------- 2 克

做法 Make

1. 室温软化的无盐黄油中加入糖粉，用橡皮刮刀搅拌均匀。

2. 倒入鸡蛋，用手动打蛋器搅拌均匀。

3. 加入杏仁粉，搅拌均匀。

4. 加入盐、红茶粉，搅拌均匀。

5. 筛入低筋面粉，搅拌至面糊光滑无颗粒。

6. 裱花袋装上圆齿形裱花嘴，再将面糊装入裱花袋中。

7. 在烤盘上挤出齿花水滴形状的曲奇。

8. 烤箱以上火 170 ℃、下火 160℃预热，将烤盘置于烤箱中层，烘烤 18 分钟即可。

「杏仁法式薄饼」

时间：60分钟

原料 Material

无盐黄油---- 85 克	杏仁粉------- 45 克
糖粉---------- 50 克	榛果---------- 适量
盐------------ 0.5 克	杏仁---------- 适量
全蛋液------- 25 克	开心果-------- 适量
香草精-------- 3 克	蛋白---------- 少许
低筋面粉---- 85 克	巧克力液----- 适量

做法 Make

1. 将室温软化的无盐黄油充分搅拌，加入糖粉和盐，搅拌均匀。

2. 分 2 次加入全蛋液，继续搅拌均匀。

3. 加入香草精，搅拌均匀。

4. 筛入低筋面粉、杏仁粉，搅拌均匀，成光滑的面糊。

5. 裱花袋上装上圆齿花嘴，将面糊装入裱花袋中。

6. 在铺好油纸的烤盘上挤出长约 6 厘米的饼干坯。

7. 在饼干坯的表面放上榛果、杏仁、开心果做装饰，并涂上少许蛋白。

8. 烤盘放入预热 175℃的烤箱，烘烤约 10 分钟取出放凉，再装饰适量巧克力液即可。

「地瓜饼干」

时间：60 分钟

原料 Material

地瓜--------500 克

糖粉--------- 30 克

蛋黄--------- 20 克

盐-------------1 克

淡奶油------ 50 克

黑芝麻------- 适量

做法 Make

1. 将煮熟的地瓜过筛，碾成泥状。

2. 加入糖粉，搅拌均匀。

3. 加入蛋黄，搅拌均匀。

4. 加入淡奶油，搅拌均匀。

5. 加入盐，搅拌均匀。

6. 将面糊装入有圆齿花嘴的裱花袋中。

7. 在铺好油纸的烤盘上挤出圆形玫瑰纹的饼干坯。

8. 在饼干坯上撒上黑芝麻，放进预热至175℃的烤箱中层，烘烤12分钟即可。

「奶酪番茄饼干」

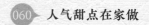 时间：60分钟

原料 Material

奶油奶酪---- 30 克

糖粉---------- 75 克

无盐黄油---- 30 克

全蛋液------- 35 克

芝士粉------- 45 克

番茄酱------- 60 克

低筋面粉---100 克

黑胡椒粒------1 克

比萨草---------2 克

糖粉----------- 适量

做法 Make

1. 将室温软化的奶油奶酪和 35 克的糖粉用橡皮刮刀搅拌均匀。

2. 加入室温软化的无盐黄油和 40 克的糖粉，搅拌均匀。

3. 倒入全蛋液，搅拌均匀。

4. 倒入芝士粉、番茄酱，搅拌均匀。

5. 筛入低筋面粉，用橡皮刮刀继续翻拌至无干粉的状态。

6. 倒入黑胡椒粒和比萨草，用橡皮刮刀继续搅拌，直至成光滑的面糊。

7. 将面糊装入装有圆齿花嘴的裱花袋中，挤在烤盘上。

8. 在饼干坯上撒上适量的糖粉，放进预热至 160℃的烤箱中层烘烤约 17 分钟即可。

「豆腐薄脆饼」

时间：60分钟

原料 Material

豆腐---------- 25 克

糖粉---------- 20 克

全蛋液------- 50 克

盐---------------2 克

低筋面粉---- 60 克

泡打粉---------1 克

做法 Make

1. 用纱布包裹豆腐，将豆腐内的多余水分沥出。

2. 将豆腐捣烂备用。

3. 将全蛋液放入搅拌盆中，加入糖粉，翻拌均匀。

4. 加入盐，搅拌均匀。

5. 加入捣烂的豆腐。

6. 筛入低筋面粉、泡打粉，搅拌至无干粉，揉成光滑的面团。

7. 在案板上铺油纸，将面团放在上面。

8. 用擀面杖将面团擀成厚度约 2 毫米的饼干面皮。

9. 去除多余的边角，将面皮切成方形。

10. 将其切成长方形的条状饼干坯。

11. 为每个饼干坯之间留出 2~3 厘米的空隙，并用小叉子为饼干坯戳上透气孔。

12. 将油纸放入烤盘，放入预热至 175℃的烤箱中层，烘烤 8~10 分钟即可。

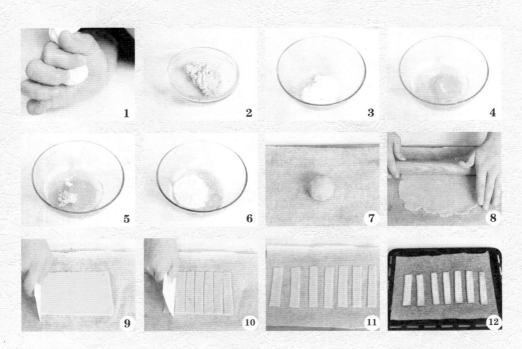

扫一扫做甜点

「海苔脆饼」

时间：60 分钟

原料 Material

中筋面粉---100 克

细砂糖---------5 克

海盐-----------1 克

泡打粉---------2 克

牛奶---------- 20 克

菜油---------- 10 克

全蛋液------ 20 克

海苔碎------- 适量

做法 Make

1. 在搅拌盆内加入过筛的中筋面粉。

2. 加入细砂糖。

3. 加入海盐及泡打粉，使用手动打蛋器混合均匀。

4. 在面粉盆中加入全蛋液。

5. 加入菜油。

6. 加入牛奶，用橡皮刮刀混合均匀。

7. 放入剪碎的海苔。

8. 用手抓匀，并揉成光滑的面团。

9. 使用擀面杖将面团擀成厚度约 3 毫米的饼干面皮。

10. 拿出刮板，将饼干面皮切成长方形的饼干坯。

11. 将饼干坯移到铺了油纸的烤盘上，准备一个叉子，为饼干坯戳上透气孔，防止在烘烤过程中饼干断裂。

12. 将烤盘放入预热至 180℃的烤箱中层，烘烤 10~12 分钟即可。

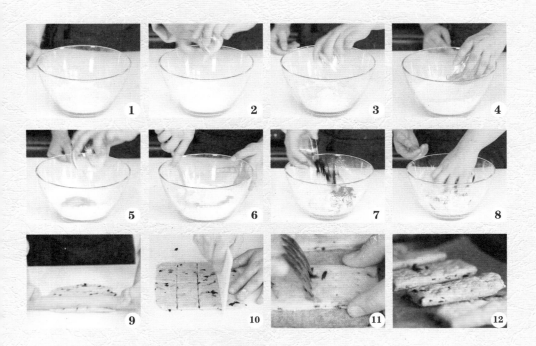

「巧克力玻璃珠」

时间：60分钟

原料 Material

饼干体

无盐黄油---- 30 克

橄榄油------- 20 克

细砂糖------- 35 克

盐----------- 0.5 克

低筋面粉---- 80 克

杏仁粉------- 20 克

蛋黄--------- 50 克

香草精-------- 2 克

装饰

黑巧克力---- 80 克

开心果碎----- 适量

燕麦片------- 适量

做法 Make

1. 将室温软化的无盐黄油和橄榄油混合，再加入细砂糖和盐充分搅拌均匀。

2. 加入蛋黄搅拌均匀。

3. 加入香草精搅拌至细腻光滑的状态。

4. 筛入低筋面粉、杏仁粉，用橡皮刮刀翻拌均匀至无干粉的状态，轻轻揉成光滑的面团。

5. 将面团分成每个约 10 克的圆球饼干坯，取好间隙放置在烤盘上，放入预热至 175℃ 的烤箱中层，烘烤约 12 分钟。

6. 将黑巧克力隔 60℃ 的水熔化。

7. 烤好的饼干半边浸入巧克力液中。

8. 在饼干表面撒上开心果碎或燕麦片即可。

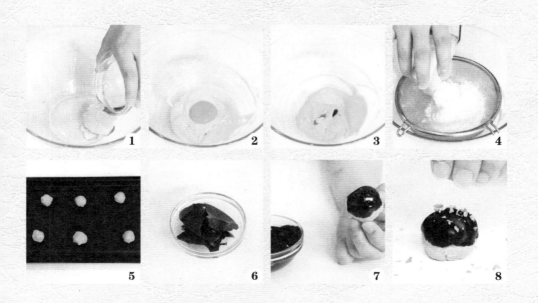

1   2   3   4

5   6   7   8

「无花果奶酥」

时间：60 分钟

原料 Material

无盐黄油---- 63 克

糖粉---------- 50 克

全蛋液------- 20 克

牛奶---------- 10 克

低筋面粉---- 85 克

杏仁粉------- 10 克

无花果------- 适量

做法 Make

1. 将室温软化的无盐黄油倒入搅拌盆中。

2. 将糖粉过筛至搅拌盆中，用橡皮刮刀翻拌均匀，用电动打蛋器搅打至蓬松羽毛状。

3. 分 2 次加入全蛋液，边倒入边搅打均匀。

4. 倒入牛奶，搅打均匀。

5. 将低筋面粉、杏仁粉过筛至搅拌盆中，用电动打蛋器搅打至无干粉的状态。

6. 加入切碎的无花果，用橡皮刮刀翻拌均匀，轻轻揉成光滑的面团。

7. 操作台上铺上保鲜膜，放上面团，用擀面杖擀成厚度约 4 毫米的饼干面皮。

8. 用花形模具按压出饼干坯。将饼干坯放在铺有油纸的烤盘上，用叉子在表面戳上透气孔。

9. 移入已预热至 160℃的烤箱中层，烤约 25 分钟至表面上色即可。

「夏威夷豆饼干」

时间：60 分钟

原料 Material

无盐黄油---- 60 克
糖粉--------- 50 克
盐------------ 15 克
蛋白--------- 15 克

低筋面粉-------------- 85 克
杏仁粉------------------ 15 克
夏威夷果（切碎）--- 40 克

做法 Make

1. 将室温软化的无盐黄油倒入搅拌盆中。

2. 将糖粉过筛至搅拌盆中，用橡皮刮刀翻拌均匀。

3. 加入盐，继续翻拌均匀。

4. 分2次加入蛋白，充分搅拌均匀。

5. 将低筋面粉、杏仁粉过筛至搅拌盆里，翻拌至无干粉的状态。

6. 轻轻揉成光滑的面团，取出放在操作台上。

7. 用擀面杖将面团擀成厚约4毫米的饼干面皮。

8. 用月亮模具压出饼干坯，取烤盘，铺上油纸，放上饼干坯。

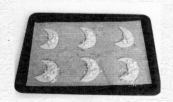

9. 在饼干坯表面撒上切碎的夏威夷果，烤盘放入预热至140℃的烤箱中层，烘烤30分钟即可。

「椰子球」

时间：45 分钟

原料 Material

无盐黄油---- 25 克

糖粉--------- 60 克

蛋黄--------- 20 克

牛奶--------- 10 克

奶粉--------- 10 克

椰子粉------- 70 克

做法 Make

1. 将室温软化的无盐黄油倒入搅拌盆中。

2. 将糖粉过筛至搅拌盆中，用橡皮刮刀翻拌均匀。

3. 分 2 次倒入搅散的蛋黄，搅拌均匀。

4. 分 2 次倒入牛奶，搅拌至牛奶与糖粉完全融合。

5. 将奶粉过筛至盆里。

6. 倒入椰丝粉，用橡皮刮刀翻拌均匀，轻轻揉成面团。

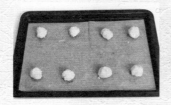

7. 将面团分成若干个大小一致的圆球饼干坯，放在铺有油纸的烤盘上。

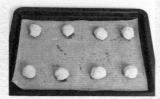

8. 移入预热至 130℃的烤箱中层，烘烤 20 分钟至表面呈金黄色即可。

Chapter 3

柔软蛋糕篇

本篇将教您制作柔软甜蜜的蛋糕甜点，蛋糕不仅美味而且还有各种不同的造型和滋味，可以满足不同人群对于美味的追求。翻开本篇，带您领略人气蛋糕甜点的独特风味，做出全家人爱吃、适于分享的美味蛋糕！

扫一扫做甜点

「桂花蜂蜜戚风」

时间： 75 分钟

原料 Material

低筋面粉---- 70 克

蛋黄------------3 个

糖粉--------110 克

牛奶--------- 60 克

色拉油------- 40 克

蛋白--------140 克

淡奶油------200 克

蜂蜜---------- 10 克

干桂花-------- 适量

做法 Make

1. 在搅拌盆中倒入色拉油及牛奶，搅拌均匀。

2. 倒入 20 克糖粉，搅拌均匀。

3. 筛入低筋面粉，搅拌均匀。

4. 倒入蛋黄，搅拌均匀（注意不要过度搅拌），制成蛋黄糊。

5. 将蛋白及 50 克糖粉倒搅拌盆中，用电动打蛋器快速打发，制成蛋白霜。将蛋白霜的 1/3 倒入蛋黄糊中，搅拌均匀，再倒回至剩余的蛋白霜中，搅拌均匀，制成蛋糕糊。

6. 将蛋糕糊倒入蛋糕模具中，震动几下，放入预热至 175℃的烤箱烘烤约 25 分钟，烤好后，将模具倒扣、放凉。

7. 在一新的搅拌盆中倒入淡奶油及 40 克糖粉，快速打发。

8. 倒入蜂蜜，搅拌均匀。

9. 至淡奶油呈九分发。

10. 取出蛋糕体，放凉，在表面均匀抹上打发的淡奶油。

11. 用抹刀将表面抹平。

12. 蛋糕表面撒上干桂花即可。

「蔓越莓天使蛋糕」

时间：120 分钟

原料 **Material**

原味酸奶---120 克　　蛋白---------100 克

植物油------- 40 克　　细砂糖------- 75 克

香草精--------2 克　　蔓越莓干---- 60 克

低筋面粉---- 95 克

做法 Make

1. 将植物油及原味酸奶倒入搅拌盆中，搅拌均匀。

2. 筛入低筋面粉，搅拌均匀。

3. 倒入香草精，搅拌均匀。

4. 取一新的搅拌盆，倒入蛋白及细砂糖，用电动打蛋器快速打发，至可提起鹰嘴状，制成蛋白霜。

5. 分3次将蛋白霜加入步骤3的混合物中，搅拌均匀。

6. 加入蔓越莓干，搅拌均匀，制成蛋糕糊。

7. 将蛋糕糊倒入模具中，震荡几下。

8. 放入预热至160℃的烤箱中层，烘烤约60分钟，取出，放凉。

9. 用抹刀分离蛋糕与模具边缘，脱模即可。

「法式传统巧克力蛋糕」

时间: 90 分钟

扫一扫做甜点

原料 Material

蛋黄糊

烘焙巧克力- 60 克

纽扣巧克力- 20 克

无盐黄油---- 50 克

蛋黄----------- 3 个

细砂糖------- 40 克

淡奶油------- 35 克

低筋面粉------- 20 克

可可粉---------- 35 克

蛋白霜

蛋白-------------- 3 个

细砂糖--------- 50 克

香橙干邑甜酒--- 5 克

糖粉------------- 适量

做法 Make

1. 将准备的 2 种巧克力及无盐黄油倒入搅拌盆中。

2. 隔水加热至熔化状态，搅拌均匀。

3. 倒入蛋黄及 40 克细砂糖，搅拌均匀。

4. 倒入淡奶油，搅拌均匀。

5. 筛入低筋面粉及可可粉，搅拌均匀，制成蛋黄糊。

6. 将蛋白、50 克细砂糖及香橙干邑甜酒倒入新的搅拌盆中，用电动打蛋器打发，制成蛋白霜。

7. 将 1/3 蛋白霜加入蛋黄糊中，搅拌均匀，再倒回至剩余蛋白霜中，搅拌均匀，制成蛋糕糊，倒入圆形活底蛋糕模中。

8. 震动几下，放进预热至 180℃的烤箱中烘烤约 10 分钟，再以 160℃烘烤约 30 分钟，取出，放凉，脱模，撒上糖粉即可。

「巧克力戚风蛋糕」

时间：60 分钟

原料 Material

蛋黄糊

蛋黄------------- 3 个
细砂糖----------20 克
巧克力酱-------50 克
可可粉---------15 克
泡打粉---------- 2 克
色拉油----------40 克
低筋面粉-------58 克
香草精----------适量
牛奶-------------30 克

蛋白霜

蛋白------------- 3 个
细砂糖----------50 克

装饰

淡奶油------- 100 克
糖粉------------25 克
巧克力装饰片 --适量

做法 Make

1. 在搅拌盆中将蛋黄打散，倒入 20 克细砂糖，再搅拌均匀。
2. 倒入牛奶、色拉油及香草精，搅拌均匀。
3. 倒入巧克力酱，搅拌均匀。
4. 筛入低筋面粉、泡打粉及可可粉，搅拌均匀，制成蛋黄糊。
5. 取一新的搅拌盆，倒入蛋白及 50 克细砂糖，用电动打蛋器快速打发至可提起鹰嘴状，制成蛋白霜。
6. 将 1/3 蛋白霜加入蛋黄糊中，用橡皮刮刀轻轻搅拌均匀。
7. 倒回至剩余的蛋白霜中，搅拌均匀，制成蛋糕糊。
8. 将蛋糕糊倒入 5 寸戚风蛋糕模具中，放入预热至 180℃的烤箱中层，烘烤约 27 分钟，取出倒扣，放凉脱模，得到蛋糕体。
9. 将淡奶油倒入搅拌盆中，加入糖粉，打至九分发，装饰蛋糕体表面，完成后插上巧克力装饰片即可。

「白兰地水果蛋糕」

 时间： 80 分钟

原料 Material

无盐黄油---- 60 克

鸡蛋--------- 50 克

细砂糖------- 50 克

香草砂糖------8 克

肉桂粉--------8 克

低筋面粉---150 克

泡打粉--------1 克

葡萄干------150 克

白兰地------- 50 克

装饰

白兰地------- 15 克

糖粉--------- 15 克

做法 Make

1. 将室温软化的无盐黄油倒入搅拌盆中，用电动打蛋器低速搅打 30 秒至体积膨胀，微微发白。

2. 分 3 次倒入细砂糖，再倒入香草砂糖，每次倒入都需要搅打均匀才能加入下一次，至无盐黄油呈蓬松羽毛状。

3. 分 3 次加入打散的鸡蛋，搅拌均匀。

4. 筛入所有粉类（除装饰用的糖粉），用橡皮刮刀搅拌均匀直至无颗粒状态。

5. 倒入葡萄干和白兰地 50 克，搅拌成蛋糕糊。

6. 将蛋糕糊倒入花形中空蛋糕模中，震动一下。放入预热至 180℃的烤箱中层，烘烤 40~50 分钟，取出放凉，脱模。

7. 糖粉中加入白兰地 15 克，混合均匀成糖酒液，均匀淋在蛋糕上装饰即可。

「柠檬蓝莓蛋糕」

 时间：70 分钟

原料 Material

蛋糕糊

植物油------- 50 克

蜂蜜--------- 60 克

浓缩柠檬汁- 10 克

柠檬皮屑---- 15 克

鸡蛋-------- 110 克

细砂糖------- 30 克

杏仁粉------160 克

低筋面粉---- 80 克

盐--------------1 克

泡打粉-------- 2 克

蓝莓--------200 克

装饰

奶油奶酪---100 克

橙酒--------- 10 克

糖粉--------- 15 克

浓缩柠檬汁- 10 克

蓝莓--------100 克

薄荷叶------- 少许

做法 Make

1. 在平底锅中倒入植物油、蜂蜜、浓缩柠檬汁10克和柠檬皮屑，煮沸。

2. 在搅拌盆中倒入鸡蛋及细砂糖，隔60℃的温水打发，至提起打蛋器，滴落的蛋糊不会马上消失为止。

3. 筛入杏仁粉、低筋面粉、盐及泡打粉，搅拌均匀。

4. 加入做法1中的混合物及200克蓝莓，搅拌均匀，制成蛋糕糊。

5. 倒入铺有油纸的蛋糕模具中，将蛋糕模具放入预热至170℃的烤箱，烘烤约25分钟，取出，脱模。

6. 将室温软化的奶油奶酪及糖粉倒入搅拌盆中，搅打至顺滑状态。

7. 加入橙酒及浓缩柠檬汁10克，搅拌均匀成柠檬芝士酱。

8. 将柠檬芝士酱涂抹在放凉的蛋糕体表面，再放上蓝莓和薄荷叶装饰即可。

「咖啡慕斯」

时间：360 分钟

 原料 Material

饼干底

消化饼干---- 60 克

无盐黄油---- 40 克

慕斯液

淡奶油------- 250 克

糖粉----------- 40 克

速溶咖啡粉--- 20 克

水-------------- 50 克

吉利丁片------- 8 克

装饰

杏仁片----------- 适量

打发的淡奶油--- 适量

做法 Make

1. 吉利丁片中倒入 30 克水，泡软。

2. 将剩余的 20 克水倒入速溶咖啡粉中，制成咖啡液。

3. 用擀面杖将消化饼干碾碎，倒入无盐黄油，搅拌均匀。

4. 将黄油饼干碎倒入底部包有保鲜膜的模具中，压成饼干底，放入冰箱冷冻 30 分钟。

5. 将淡奶油和糖粉倒入另一搅拌盆中，用电动打蛋器快速打至流动状。

6. 将吉利丁片沥干水分，隔水加热化开，倒入做法 5 的混合物中，搅拌均匀。

7. 倒入咖啡液，搅拌均匀，制成慕斯液。

8. 从冰箱取出饼干底，将慕斯液倒入，放入冰箱冷藏 4 个小时至凝固。

9. 取出凝固的慕斯，脱模，切块，在表面挤上打发的淡奶油，放上杏仁片装饰即可。

「法国草莓蛋糕」

时间：420 分钟

原料 Material

面糊

鸡蛋------------100 克

低筋面粉--------60 克

细砂糖----------60 克

无盐黄油--------20 克

装饰

切片草莓-------- 适量

打发的淡奶油---20 克

开心果碎-------- 适量

卡仕达酱

牛奶-----------220 克

蛋黄------------75 克

细砂糖----------50 克

香草砂糖---------8 克

吉利丁片---------1 片

打发的淡奶油 -150 克

香橙酒-----------5 克

做法 Make

1. 慕斯圈底部包好保鲜膜，草莓片贴模具边沿摆放。

2. 将鸡蛋和细砂糖 60 克倒入搅拌盆中，打发至浓稠状态，再倒入熔化成液体的无盐黄油搅拌均匀。筛入低筋面粉翻拌均匀后倒入铺好油纸的正方形蛋糕模中，抹平表面。放进预热至 175℃的烤箱中层，烘烤 15~17 分钟至表面上色，取出脱模，放凉后切片铺在正方形慕斯圈底部。

3. 将蛋黄和细砂糖 50 克倒入搅拌盆中，搅拌均匀成蛋黄液；香草砂糖和牛奶加热至边缘冒小泡后关火，再加入吉利丁片，搅拌均匀后倒入蛋黄液中，倒入香橙酒搅拌均匀。

4. 分 3 次将打发好的淡奶油倒入做法 3 的混合物中，搅拌均匀后倒入慕斯圈中，入冰箱冷藏 6 小时，取出脱模。

5. 蛋糕表面装饰打发的淡奶油、切片草莓和开心果碎即可。

「 樱桃芝士蛋糕 」

时间： 420 分钟

原料 Material

饼干底

手指饼干----- 适量

芝士糊

吉利丁片------ 2 片

奶油奶酪--- 180 克

细砂糖------- 60 克

蛋黄--------- 100 克

牛奶--------- 40 克

淡奶油------ 100 克

柠檬汁--------- 5 克

朗姆酒--------- 5 克

罐头樱桃果粒适量

做法 Make

1. 将室温软化的奶油奶酪和细砂糖 40 克用打蛋器搅打至顺滑。

2. 将手指饼干放入模具底部，并贴合模具侧面围一圈。

3. 蛋黄中加入细砂糖 20 克，搅拌至蛋黄颜色变浅。倒入牛奶，再加入泡软后隔水加热熔化的吉利丁片，搅拌均匀后加入步骤 1 中的奶油奶酪，搅拌均匀后成芝士蛋黄混合物。

4. 将淡奶油打发再和芝士蛋黄混合物混合均匀，最后倒入朗姆酒和柠檬汁，搅拌均匀成芝士糊。

5. 将芝士糊倒入底部包了保鲜膜的慕斯圈中，先倒入 1/3 的芝士糊，放入冰箱冷冻 5 分钟，取出，铺一层罐头樱桃果粒，再倒入剩余的芝士糊至满，抹平表面，放入冰箱冷藏 6 小时至凝固，取出，脱模，切块即可。

「焦糖芝士蛋糕」

 时间: 95 分钟

原料 Material

饼干底

消化饼干---- 80 克

有盐黄油---- 30 克

焦糖酱

细砂糖------ 40 克

水------------ 10 克

淡奶油------- 50 克

芝士糊

奶油奶酪---180 克

细砂糖------ 30 克

蛋黄---------- 30 克

鸡蛋----------- 1 个

淡奶油------- 50 克

粟粉---------- 30 克

朗姆酒-------- 5 克

做法 Make

1. 将消化饼干敲碎，倒入有盐黄油搅拌均匀，放入蛋糕模中压实，放入冰箱冷冻30分钟成饼干底。

2. 将水和40克细砂糖倒入不粘锅中，煮至黏稠状，倒入淡奶油，搅拌均匀，制成焦糖酱。

3. 取一个新的搅拌盆，倒入奶油奶酪及30克细砂糖，搅拌均匀。

4. 倒入蛋黄，搅拌均匀。

5. 倒入鸡蛋，搅拌均匀。

6. 倒入焦糖酱，边倒边搅拌。

7. 倒入朗姆酒及淡奶油，搅拌均匀，筛入粟粉，搅拌均匀，制成芝士糊。将其倒入饼干底中，抹平表面。

8. 将蛋糕模放进预热至180℃的烤箱中烘烤约30分钟，取出放凉，脱模即可。

「蓝莓焗芝士蛋糕」 时间：70 分钟

 原料 **Material**

蛋糕糊

奶油奶酪---280 克

橄榄油------- 15 克

细砂糖------- 40 克

鸡蛋-----------1 个

蓝莓果酱 --- 25 克

装饰

蓝莓果酱----- 适量

薄荷叶------- 适量

做法 Make

1. 将奶油奶酪放入搅拌盆中，搅打至顺滑。

2. 倒入细砂糖，搅拌均匀。

3. 倒入鸡蛋，搅拌至完全融合。

4. 倒入蓝莓果酱 25 克。

5. 加入橄榄油，继续搅拌制成蛋糕糊。

6. 将蛋糕糊倒入已包好油纸的 5 寸慕斯圈中。

7. 放入预热至 150℃的烤箱中烘烤约 15 分钟，取出放凉。

8. 用抹刀分离模具及蛋糕，脱模。

9. 放上适量蓝莓果酱和薄荷叶装饰即可。

「芒果芝士蛋糕」

时间：300 分钟

原料 Material

饼干底

消化饼干--------------60 克

无盐黄油（热熔）---35 克

芝士液

奶油奶酪---200 克

芒果泥------100 克

吉利丁片------3 片

细砂糖------ 40 克

淡奶油------ 80 克

芒果片------- 适量

做法 Make

1. 将消化饼干碾碎，倒入熔化的无盐黄油，搅拌至充分融合。

2. 将搅拌均匀的饼干碎倒入包好保鲜膜的慕斯圈中，压实，放入冰箱冷冻 30 分钟成饼干底。

3. 将奶油奶酪倒入搅拌盆中，分 2~3 次加入淡奶油，搅拌均匀。

4. 倒入细砂糖，搅拌均匀。

5. 将吉利丁片加热化开，倒入做法 4 的混合物中，搅拌均匀。

6. 倒入芒果泥，搅拌均匀，制成芝士液。

7. 倒一半芝士液在有饼干底的慕斯圈中，放上一层芒果片，再倒入另外一半。

8. 放入冰箱冷藏 4 个小时。

9. 取出脱模，切块即可。

「蜂蜜抹茶蛋糕」

时间：80 分钟

扫一扫做甜点

原料 Material

蛋黄糊

蛋黄------------ 2 个

细砂糖------- 30 克

色拉油------- 10 克

抹茶粉------- 10 克

水------------ 60 克

蜂蜜---------- 10 克

低筋面粉---- 40 克

泡打粉-------- 1 克

蛋白霜

蛋白------------ 2 个

细砂糖------- 20 克

做法 Make

1. 将蛋黄及 30 克细砂糖倒入搅拌盆中, 搅拌均匀。

2. 将抹茶粉倒入水中, 搅拌至充分溶解。

3. 将做法 2 的混合物倒入做法 1 中, 搅拌均匀。

4. 倒入色拉油及蜂蜜, 搅拌均匀。

5. 筛入低筋面粉及泡打粉, 搅拌均匀, 制成蛋黄糊。

6. 取一新的搅拌盆, 倒入蛋白及 20 克细砂糖, 快速打发, 制成蛋白霜。

7. 将 1/3 蛋白霜倒入蛋黄糊中, 搅拌均匀。

8. 倒回至剩余的蛋白霜中, 搅拌均匀, 制成蛋糕糊。

9. 将蛋糕糊倒入模具中, 放入预热至 170℃的烤箱中烘烤约 25 分钟即可。

「大理石磅蛋糕」

时间: 80 分钟

原料 Material

无盐黄油---120 克   泡打粉---------3 克

细砂糖------- 60 克   可可粉---------5 克

鸡蛋--------100 克   抹茶粉---------5 克

低筋面粉---110 克

做法 Make

1. 将室温软化的无盐黄油倒入搅拌盆中，加入细砂糖，拌匀，再用电动打蛋器将其打发。

2. 分 2 次加入鸡蛋，搅拌均匀。

3. 将做法 2 的混合物分成 3 份。

4. 一份筛入低筋面粉 40克及泡打粉 1 克，搅拌均匀，制成原味蛋糕糊。

5. 一份筛入低筋面粉 35克、泡打粉 1 克及可可粉，搅拌均匀，制成可可蛋糕糊。

6. 最后一份筛入低筋面粉 35 克、泡打粉 1 克及抹茶粉，搅拌均匀，制成抹茶蛋糕糊。

7. 将原味蛋糕糊、可可蛋糕糊及抹茶蛋糕糊依次倒入铺好油纸的模具中，抹匀。

8. 放入预热至 180℃的烤箱中烘烤 25~30 分钟，至蛋糕体积膨大。取出放凉，脱模即可。

「柠檬卡特卡」

时间： 70 分钟

原料 Material

无盐黄油---150 克

细砂糖------120 克

盐--------------2 克

香草精------3~5 滴

鸡蛋------------3 个

柠檬皮--------1 个

低筋面粉---150 克

泡打粉--------2 克

做法 Make

1. 在搅拌盆中倒入无盐黄油及细砂糖, 搅拌均匀。

2. 分 2 次倒入鸡蛋, 搅拌均匀。

3. 将柠檬皮磨成屑状, 倒入做法 2 的混合物中。

4. 倒入盐。

5. 倒入香草精, 搅拌均匀。

6. 筛入低筋面粉及泡打粉, 搅拌均匀, 制成蛋糕糊。

7. 将蛋糕糊倒入模具中, 放入预热至 180℃的烤箱中, 烘烤约 35 分钟, 取出放凉。

8. 借助抹刀分离蛋糕及模具边缘, 脱模即可。

「 玉米培根蛋糕 」

时间：70分钟

原料 Material

中筋面粉---- 70 克

玉米粉------- 70 克

泡打粉--------- 3 克

盐-------------- 2 克

细砂糖------- 20 克

淡奶油------125 克

蜂蜜---------- 25 克

鸡蛋---------- 50 克

植物油------- 25 克

玉米粒------- 20 克

培根---------- 50 克

做法 Make

1. 将鸡蛋倒入搅拌盆中，打散。

2. 倒入蜂蜜，搅拌均匀。

3. 倒入植物油和淡奶油，搅拌均匀。

4. 筛入中筋面粉、泡打粉及玉米粉，用橡皮刮刀搅拌均匀。

5. 倒入盐及细砂糖，继续搅拌均匀。

6. 培根切成碎末，与玉米粒一起倒入做法5的混合物中，搅拌均匀，制成蛋糕糊。

7. 将蛋糕糊倒入模具中，抹平。

8. 放进预热至180℃的烤箱中，烘烤约20分钟即可。

「舒芙蕾」

 时间： 70 分钟

扫一扫做甜点

原料 Material

蛋黄糊

蛋黄------------3 个

细砂糖------- 30 克

低筋面粉---- 30 克

牛奶--------190 克

香草荚---------2 克

无盐黄油---- 10 克

柠檬皮--------1 个

蛋白霜

蛋白------------3 个

细砂糖------- 25 克

做法 Make

1. 将蛋黄和 30 克细砂糖倒入搅拌盆中, 搅拌均匀。

2. 筛入低筋面粉, 搅拌均匀。

3. 将香草荚加入牛奶中, 煮至沸腾。

4. 将煮好的牛奶分 3 次倒入做法 2 中, 搅拌均匀。

5. 将做法 4 中的混合物倒入钢盆中, 边加热边搅拌, 至浓稠状态。

6. 倒入无盐黄油及柠檬皮搅拌均匀, 制成蛋黄糊。

7. 将蛋白和 25 克细砂糖倒入另一个搅拌盆中, 用电动打蛋器打发, 制成蛋白霜。

8. 将 1/3 蛋白霜倒入蛋黄糊中, 搅拌均匀, 再倒回至剩余的蛋白霜中, 搅拌均匀, 制成蛋糕糊, 装入裱花袋中。

9. 将蛋糕糊挤入陶瓷杯中, 放在烤盘上, 在烤盘中倒入热水, 放进预热至 190℃的烤箱中烘烤约 30 分钟即可。

「桂花黑糖蛋糕」

时间: 60 分钟

扫一扫做甜点

原料 Material

蛋黄糊

蛋黄------------2 个

黑糖----------- 20 克

色拉油------ 10 克

干桂花--------3 克

低筋面粉---- 50 克

泡打粉---------1 克

热水--------- 30 克

蛋白霜

蛋白-----------2 个

细砂糖------ 20 克

做法 Make

1. 将热水倒入 2 克干桂花中，浸泡备用。

2. 在搅拌盆中倒入蛋黄及黑糖，搅拌均匀。

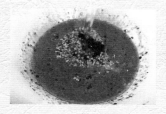

3. 加入浸泡过的桂花（倒掉浸泡的水）及色拉油，搅拌均匀。

4. 筛入低筋面粉及泡打粉，搅拌均匀。

5. 取一新的搅拌盆，将蛋白及细砂糖打发，制成蛋白霜。

6. 将 1/3 蛋白霜倒入做法 4 中，搅拌均匀。

7. 将其倒回至剩余的蛋白霜中，搅拌均匀，制成蛋糕糊。

8. 将蛋糕糊装入裱花袋中，挤入蛋糕纸杯中，放入预热至 170℃的烤箱中烘烤约 25 分钟。

9. 取出后在表面撒上剩余的干桂花即可。

「核桃牛油蛋糕」

时间：60 分钟

扫一扫做甜点

原料 Material

蛋黄------------2 个

细砂糖------- 60 克

无盐黄油---- 50 克

牛奶---------- 20 克

低筋面粉---100 克

泡打粉--------2 克

核桃---------- 适量

香草精--------3 滴

做法 Make

1. 在搅拌盆中倒入无盐黄油和细砂糖，搅拌均匀。

2. 倒入牛奶，搅拌均匀。

3. 倒入蛋黄，搅拌均匀。

4. 筛入低筋面粉及泡打粉，搅拌均匀。

5. 倒入香草精，搅拌均匀，制成蛋糕糊，装入裱花袋中。

6. 将蛋糕糊垂直挤入蛋糕纸杯中，至七分满。

7. 在蛋糕糊表面放上核桃。

8. 放入预热至 180℃ 的烤箱中，烘烤约 20 分钟，至表面上色即可。

扫一扫做甜点

「黑糖蒸蛋糕」

时间：60 分钟

原料 Material

鸡蛋------------2 个

细砂糖-------- 30 克

香草精---------2 滴

盐------------- 少许

低筋面粉---110 克

塔塔粉---------2 克

无盐黄油---- 20 克

牛奶--------- 65 克

黑糖--------- 75 克

做法 Make

1. 将鸡蛋、盐及细砂糖倒入搅拌盆中，搅打 3 分钟。

2. 筛入低筋面粉及塔塔粉，搅拌均匀，完成鸡蛋面糊。

3. 取一新的搅拌盆，将黑糖与牛奶倒入，搅拌均匀。

4. 倒入香草精，搅拌均匀，完成黑糖牛奶。

5. 将无盐黄油加热熔化，倒入黑糖牛奶中，搅拌均匀。

6. 将做法 5 中的混合物倒入鸡蛋面糊中，搅拌均匀，制成蛋糕糊，再装入裱花袋中。

7. 将蛋糕糊垂直挤入蛋糕纸杯中。

8. 将蛋糕纸杯放在烤盘上，放入预热至 160℃的烤箱中，烘烤约 15 分钟（此过程需在烤盘中倒入清水, 隔水烘烤）。

「黑芝麻杯子蛋糕」

时间: 60 分钟

原料 Material

蛋糕糊

低筋面粉---- 60 克

黑芝麻粉---- 20 克

无盐黄油---- 15 克

牛奶---------- 25 克

鸡蛋---------100 克

细砂糖------- 50 克

装饰

淡奶油-------- 适量

细砂糖-------- 适量

黑芝麻粉----- 适量

做法 Make

1. 将牛奶加热至沸腾，关火，倒入无盐黄油，搅拌均匀，至无盐黄油完全溶化。

2. 将鸡蛋及细砂糖 50 克倒入搅拌盆中，用电动打蛋器打至发白浓稠。

3. 倒入做法 1 中的混合物，搅拌均匀。

4. 筛入低筋面粉和黑芝麻粉 20 克。

5. 用橡皮刮刀搅拌均匀，制成蛋糕糊。

6. 将蛋糕糊装入裱花袋中，拧紧裱花袋口。

7. 将蛋糕糊垂直挤入蛋糕纸杯中。放入预热至 180℃的烤箱中，烘烤约 13 分钟，烤好后取出放凉。

8. 将淡奶油及适量细砂糖倒入新的搅拌盆中。

9. 用电动打蛋器快速打发，至可提起鹰嘴状。

10. 倒入适量黑芝麻粉，搅拌均匀。

11. 将制好的黑芝麻奶油装入裱花袋中。

12. 以螺旋状手法将奶油挤在杯子蛋糕的表面作为装饰。

「苹果玛芬」

时间：70 分钟

原料 Material

苹果丁------150 克
细砂糖------ 90 克
柠檬汁-------- 5 克
肉桂粉-------- 1 克
无盐黄油---- 95 克
鸡蛋----------- 1 个

低筋面粉---160 克
泡打粉--------- 2 克
盐-------------- 1 克
牛奶--------- 55 克
椰丝--------- 10 克

做法 Make

1. 将苹果丁和细砂糖 30 克倒入平底锅中，加热约 10 分钟。

2. 待苹果丁变软后，加入柠檬汁和肉桂粉，搅拌均匀，备用。

3. 将室温软化的无盐黄油及 60 克细砂糖倒入搅拌盆中，用电动打蛋器打至蓬松羽毛状。

4. 加入鸡蛋，搅拌至完全融合。

5. 筛入低筋面粉、泡打粉及盐，搅拌均匀。

6. 倒入牛奶及 1/2 的苹果丁，搅拌均匀，制成蛋糕糊，装入裱花袋中。

7. 将蛋糕糊挤入蛋糕纸杯，至八分满。

8. 在表面放上剩余的苹果丁，再撒上椰丝。

9. 放进预热至 175℃的烤箱中，烘烤约 25 分钟，烤好后取出放凉。

「巧克力杯子蛋糕」

时间： 75分钟

原料 Material

蛋糕糊

可可粉------- 10 克

低筋面粉---- 60 克

无盐黄油---- 15 克

牛奶---------- 25 克

鸡蛋--------100 克

黑糖---------- 50 克

装饰

淡奶油-------- 适量

可可粉-------- 适量

糖粉---------- 适量

做法 Make

1. 将鸡蛋放入搅拌盆中，打散。

2. 筛入黑糖，用电动打蛋器打至发白浓稠的状态。

3. 将牛奶煮至沸腾，关火，倒入无盐黄油搅拌均匀。

4. 将做法 3 的牛奶混合物倒入做法 2 中搅拌均匀。

5. 筛入低筋面粉及可可粉 10 克，搅拌均匀，制成蛋糕糊。

6. 将蛋糕糊装入到裱花袋中，垂直挤入蛋糕纸杯中，至八分满。

7. 放进预热至 180℃的烤箱中，烘烤约 12 分钟取出放凉。

8. 将淡奶油用电动打蛋器快速打发，加入适量可可粉，搅拌均匀，装入裱花袋中，挤在杯子蛋糕的表面。最后撒上糖粉，插上小猴子小旗即可。

「伯爵茶巧克力蛋糕」

时间: 75分钟

原料 Material

蛋糕糊

低筋面粉---- 90 克

杏仁粉------ 60 克

细砂糖------ 90 克

葡萄糖浆---- 30 克

盐----------- 0.5 克

泡打粉--------- 2 克

鸡蛋----------- 3 个

无盐黄油---130 克

伯爵茶包-----2 包

朗姆酒------- 10 克

装饰

黑巧克力---- 60 克

防潮可可粉-- 适量

防潮糖粉----- 适量

做法 Make

1. 在搅拌盆中倒入鸡蛋、细砂糖、葡萄糖浆及盐，搅拌均匀。

2. 筛入低筋面粉、杏仁粉及泡打粉，搅拌均匀。

3. 加入伯爵红茶粉末及朗姆酒，搅拌均匀。

4. 将无盐黄油隔水加热熔化（留少量用于涂抹模具），倒入做法 3 的混合物中拌匀，制成蛋糕糊。

5. 将蛋糕糊装入裱花袋中，拧紧裱花袋口。

6. 将少量的无盐黄油涂抹在模具上。

7. 将蛋糕糊挤入模具中，至七分满即可。

8. 放进预热至 165℃的烤箱中，烘烤 15~18 分钟，烤好后，取出蛋糕，放凉，脱模。

9. 黑巧克力隔水加热熔化，挤在蛋糕中间，再撒上防潮可可粉及防潮糖粉即可。

「布朗尼」

时间: 80 分钟

原料 Material

巧克力------110 克　　可可粉------- 30 克

无盐黄油---- 90 克　　泡打粉--------- 2 克

鸡蛋-----------2 个　　朗姆酒--------- 2 克

细砂糖------- 70 克　　杏仁--------- 50 克

低筋面粉---- 90 克

做法 Make

1. 将杏仁切碎，备用。

2. 巧克力和无盐黄油放入搅拌盆中，隔水加热熔化，搅拌均匀。

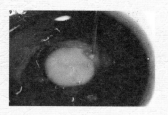

3. 倒入鸡蛋及朗姆酒，搅拌均匀。

4. 倒入细砂糖，搅拌均匀。

5. 筛入低筋面粉、可可粉及泡打粉，搅拌均匀，制成蛋糕糊。

6. 将蛋糕糊倒入方形活底蛋糕模中。

7. 在蛋糕糊表面撒上切碎的杏仁。

8. 放进预热至180℃的烤箱中层，烘烤15~20分钟。

9. 取出烤好的蛋糕，放凉，脱模，切块，摆盘即可。

「卡蒙贝尔奶酪蛋糕」

时间：180 分钟

原料 Material

饼干底

巧克力饼干碎--- 70 克

无盐黄油-------- 30 克

芝士糊

奶油奶酪-------160 克

糖粉------------- 45 克

淡奶油----------130 克

浓缩柠檬汁------ 10 克

香草精------------2 克

吉利丁片----------5 克

冰水------------- 80 克

朗姆酒------------5 克

装饰

巧克力饼干碎--- 30 克

做法 Make

1. 将无盐黄油加入 70 克巧克力饼干碎，搅拌均匀，制成黄油饼干碎。

2. 将黄油饼干碎倒入硅胶模具中，压实，放入冰箱冷藏 30 分钟，制成饼干底。

3. 将吉利丁片用冰水泡软，奶油奶酪用电动打蛋器打至顺滑。

4. 奶油奶酪中加入淡奶油 30 克、浓缩柠檬汁、糖粉 25 克及香草精，搅拌均匀。

5. 吉利丁片滤干多余水分，用微波炉加热 30 秒，制成吉利丁液，倒入做法 4 的混合物中搅拌均匀。

6. 将 100 克淡奶油、20 克糖粉及朗姆酒倒入新的搅拌盆中，用电动打蛋器搅拌均匀。

7. 将做法 6 的混合物倒入做法 5 的混合物中，搅拌至完全融合，制成芝士糊。

8. 将芝士糊装入裱花袋中，注入到放有饼干底的硅胶模具中，至九分满，放入冰箱冷藏 15 分钟。

9. 取出硅胶模具，在表面撒上 30 克巧克力饼干碎，放入冰箱冷冻 2 小时即可。

「朗姆酒奶酪蛋糕」

时间：300 分钟

 原料 Material

饼干底

消化饼干---- 80 克

无盐黄油---- 25 克

芝士糊

奶油奶酪--- 300 克

淡奶油------- 80 克

细砂糖------- 60 克

朗姆酒------ 120 克

鸡蛋---------- 70 克

浓缩柠檬汁- 30 克

低筋面粉---- 25 克

做法 Make

1. 将消化饼干压碎，倒入碗中，加入无盐黄油，搅拌均匀。

2. 将慕斯圈的底部包上锡纸，将做法1中的饼干碎放入，压紧实，放入冰箱冷藏30分钟。

3. 将奶油奶酪及细砂糖倒入搅拌盆中，搅打至顺滑，倒入打散的鸡蛋，搅拌均匀。

4. 依次加入淡奶油、朗姆酒，每放入一样食材都需要搅拌均匀。

5. 加入浓缩柠檬汁，搅拌均匀。

6. 筛入低筋面粉，搅拌均匀，制成芝士糊。

7. 将芝士糊筛入干净的搅拌盆中。

8. 取出放有饼底的慕斯圈，倒入芝士糊，抹平表面。

9. 放入预热至170℃的烤箱中层，烘烤25~30分钟，取出放凉。放入冰箱冷藏3小时，取出脱模即可。

Chapter 4

甜蜜面包篇

　　面包已经是人们餐桌上的常见食品了，有时候不仅仅是早餐，就连午餐和晚餐都有人离不开美味的面包。本章将为您介绍滋味诱人的甜蜜面包，心动不如马上翻开学做甜蜜面包吧！

扫一扫做甜点

「蜂蜜奶油甜面包」

时间: 120 分钟

原料 Material

面团

高筋面粉-----165 克

奶粉-------------- 8 克

细砂糖--------- 40 克

酵母粉----------- 3 克

鸡蛋------------ 28 克

牛奶------------ 40 克

水-------------- 28 克

无盐黄油------ 20 克

盐----------------- 2 克

装饰

无盐黄油丁--- 50 克

蜂蜜------------- 适量

细砂糖---------- 适量

全蛋液---------- 适量

做法 Make

1. 将面团材料中的粉类（除盐外）放入大盆中，搅匀。再倒入鸡蛋、牛奶和水，拌匀，并揉成不粘手的面团。

2. 加入无盐黄油和盐，通过揉和甩打，将面团混合均匀，将面团揉圆放入盆中，包上保鲜膜发酵约 13 分钟。

3. 取出发酵好的面团，分割成 3 等份并揉圆，表面喷少许水，松弛 10~15 分钟。

4. 分别用擀面杖擀成长圆形，由较长的一边开始卷起成圆筒状，稍压扁，放在烤盘上最后发酵 40 分钟（在发酵的过程中注意给面团保湿，每过一段时间可以喷少许水）。

5. 在发酵好的面团表面刷上全蛋液和蜂蜜。

6. 用剪刀在面团表面剪出闪电状的装饰。

7. 在面团表面均匀地放上无盐黄油丁，撒上细砂糖。

8. 烤箱以上、下火 200℃预热，将烤盘置于烤箱中层，烤约 11 分钟，取出即可。

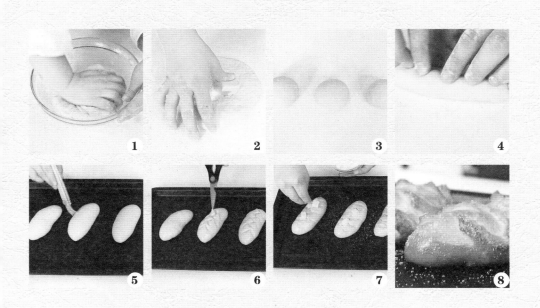

1　2　3　4

5　6　7　8

「咖啡葡萄干面包」

时间： 120 分钟

原料 Material

面团

高筋面粉---250 克

奶粉------------ 8 克

酵母粉--------- 3 克

即溶咖啡粉--- 5 克

细砂糖------- 25 克

水------------170 克

盐-------------- 5 克

无盐黄油---- 20 克

葡萄干------100 克

（温水泡软）

装饰

全蛋液-------- 适量

杏仁片-------- 适量

做法 Make

1. 将即溶咖啡粉倒入水中，搅拌均匀，制成咖啡液。

2. 将面团材料中的粉类（除盐外）放入大盆中，搅匀，再倒入咖啡液，拌匀并揉成不粘手的面团。

3. 加入无盐黄油和盐，通过揉和甩打，将面团慢慢混合均匀。然后加入葡萄干，用刮板将面团重叠切拌均匀。

4. 将面团揉圆，放入盆中，包上保鲜膜，发酵约 20 分钟。

5. 取出发酵好的面团，分成 2 等份，并揉圆。

6. 将面团放在烤盘上，最后发酵 40 分钟（在发酵的过程中注意给面团保湿，每过一段时间可以喷少许水）。

7. 待发酵好后，在面团表面刷上一层全蛋液，撒上适量的杏仁片。

8. 烤箱以上、下火 200℃预热，将烤盘置于烤箱中层，烤约 10 分钟，取出即可。

「卡仕达柔软面包」

时间：150 分钟

扫一扫做甜点

原料 Material

面团

高筋面粉---250 克	
盐-------------- 5 克	
细砂糖------- 15 克	
酵母粉--------- 3 克	
原味酸奶---- 25 克	
牛奶--------- 25 克	
水-----------150 克	

无盐黄油---- 15 克

卡仕达馅

牛奶--------- 90 克

无盐黄油---- 12 克

细砂糖------- 60 克

蛋黄--------- 50 克

低筋面粉---- 21 克

芝士片-------- 3 片

做法 Make

1. 将高筋面粉、盐、细砂糖 15 克、酵母粉放入搅拌盆中，用手动打蛋器搅拌均匀。

2. 倒入水、牛奶 25 克、原味酸奶搅拌，至液体材料与粉类材料完全融合。

3. 加入无盐黄油 15 克，揉约 15 分钟，至面团起筋后，将其放入搅拌盆中，用保鲜膜封好，基本发酵 15 分钟。

4. 将牛奶 90 克、无盐黄油 12 克、细砂糖 35 克混合加热，至 90℃关火，冷却备用。

5. 将蛋黄倒入碗中，加入 25 克细砂糖搅拌均匀，加入低筋面粉后搅匀。

6. 分多次加入奶油混合液（做法 4），再加入芝士片，煮至黏稠状，放凉后装入裱花袋中。

7. 取出面团分成 4 个等量的面团，并揉至光滑，用保鲜膜将面团包好放在一旁，表面喷少许水，松弛 15 分钟。

8. 取出松弛后的面团，稍微擀平，挤入裱花袋中的内馅，再将面团整成光滑的圆面团，摆放在烤盘上，最后发酵 50 分钟（在发酵的过程中注意给面团保湿，每过一段时间可以喷少许水）。烤箱以 180℃预热，将烤盘置于烤箱的中层，烘烤约 15 分钟即可。

「可可葡萄干面包」

原料 Material

面团

高筋面粉---285 克	牛奶--------200 克
可可粉------ 15 克	无盐黄油---- 30 克
细砂糖------ 30 克	盐--------------1 克
酵母粉--------3 克	葡萄干------ 50 克
	装饰
	高筋面粉----- 适量

做法 **Make**

1. 把面团材料中的粉类（除盐外）放入大盆中，搅匀。

2. 加入牛奶，拌匀，揉成面团，把面团放在操作台上，揉匀。

3. 加入盐和无盐黄油，继续揉至完全融合成为一个光滑的面团。

4. 将面团压扁，加入葡萄干，四周向中心包起来。

5. 用刮刀将面团切成两半，叠起后再切两半，将4块面团放入盆中，盖上保鲜膜, 基本发酵25分钟。

6. 把发酵好的面团分成2等份，用擀面杖分别把2个面团擀成椭圆形，然后两端向中间对折，卷起成橄榄形，表面喷少许水，松弛 10~15 分钟。把面团均匀地斜放在烤盘上，最后发酵 60 分钟（在发酵的过程中注意给面团保湿，每过一段时间可以喷少许水）。

7. 待发酵完后，撒上高筋面粉，用小刀在表面斜划两刀。

8. 烤箱以上火 185℃、下火 180℃预热，将烤盘置于烤箱中层，烤15分钟，取出即可。

「莲蓉莎翁」

时间：120 分钟

原料 Material

面团

高筋面粉---165 克

细砂糖------- 40 克

奶粉----------- 8 克

酵母粉--------- 3 克

鸡蛋---------- 28 克

牛奶---------- 40 克

水------------ 28 克

无盐黄油---- 20 克

盐 ------------- 2 克

馅料

莲蓉---------120 克

其他

细砂糖------- 适量

食用油------- 适量

做法 Make

1. 将面团材料中的粉类（除盐外）放入大盆中，搅匀。

2. 再倒入牛奶、鸡蛋和水，拌匀并揉成不粘手的面团。

3. 加入无盐黄油和盐，通过揉和甩打，将面团混合均匀。

4. 将面团揉圆放入盆中，包上保鲜膜发酵约 13 分钟。

5. 取出发酵好的面团，分割成 4 等份并揉圆，在表面喷少许水，松弛 10~15 分钟。

6. 分别把小面团稍擀平，每个包入 30 克的莲蓉，收口捏紧，揉圆，把面团均匀地放在烤盘上，最后发酵 40 分钟（在发酵的过程中注意给面团保湿，每过一段时间可以喷少许水）。

7. 把食用油倒入锅中烧热，放入面团炸至表面呈金黄色。

8. 将面团夹出，放在网架上，稍凉凉后，蘸上细砂糖即可食用。

1   2   3   4

5   6   7   8

「马卡龙面包」

时间： 150 分钟

原料 Material

面团

高筋面粉---250 克

奶粉-----------8 克

酵母粉---------4 克

盐--------------2 克

细砂糖-------50 克

无盐黄油----25 克

蛋黄-----------1 个

水-----------140 克

马卡龙淋酱

蛋白----------30 克

杏仁粉-------40 克

核桃----------50 克

（切碎）

细砂糖-------90 克

做法 Make

1. 在蛋白中加入 90 克的细砂糖，用电动打蛋器充分打发后，加入杏仁粉和核桃碎，搅匀，即为马卡龙淋酱。

2. 把面团材料中的所有粉类都放入大盆中，搅匀后，加入蛋黄和水，拌匀并揉成团。

3. 加入无盐黄油，继续揉至无盐黄油完全被吸收。

4. 把面团放入盆中，盖上保鲜膜基本发酵 15 分钟。

5. 取出面团，分成 4 等份，表面喷少许水，松弛 20~25 分钟后，分别擀成椭圆形，卷起成柱状，两端收口捏紧，搓成长条。

6. 将长面条两端交叉呈"又"字形，再拧成"8"字形，收口处捏合，然后把面团放在烤盘上，最后发酵约 50 分钟（在发酵的过程中注意给面团保湿，每过一段时间可以喷少许水）。

7. 待发酵完毕后，淋上马卡龙淋酱。

8. 烤箱以上、下火 180℃预热，将烤盘置于烤箱中层，烤 15 分钟，取出即可。

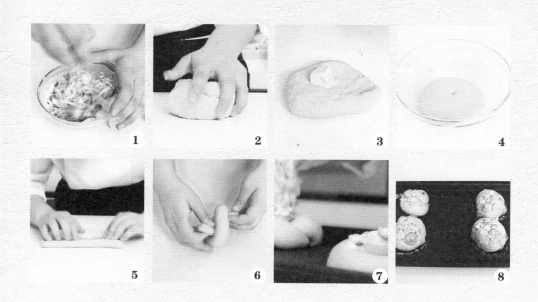

1   2   3   4

5   6   7   8

「南瓜面包」

时间：150 分钟

扫一扫做甜点

原料 Material

面团

高筋面粉---270 克

低筋面粉---- 30 克

酵母粉--------4 克

南瓜--------200 克

（煮熟压成泥）

蜂蜜---------- 30 克

牛奶--------- 30 克

无盐黄油---- 30 克

盐--------------2 克

装饰

南瓜子------- 适量

做法 Make

1. 把牛奶倒入南瓜泥中，拌匀，加入蜂蜜，拌匀。

2. 把面团材料中的所有粉类（除盐外）放入大盆中，搅匀。

3. 加入做法1中的材料，拌匀并揉成团，把面团取出，放在操作台上，揉匀。

4. 加入盐和无盐黄油，继续揉至成为一个光滑的面团，放入盆中，盖保鲜膜基本发酵20分钟。

5. 取出面团，分成6等份，并揉圆，在表面喷少许水，松弛10~15分钟。

6. 分别把面团稍压平，用剪刀在面团边缘均匀地剪出6~8个小三角形，去掉不要。

7. 把面团均匀地放在烤盘上，最后发酵50分钟，待发酵好后，表面放上几颗南瓜子。

8. 烤箱以上火175℃、下火170℃预热，将烤盘置于烤箱中层，烤16~18分钟至面包表面呈金黄色即可。

「柠檬多拿滋」

时间：120 小时

原料 Material

面团

马铃薯------100 克
（蒸熟后压成泥）
高筋面粉---270 克
低筋面粉---- 30 克
酵母粉--------2 克

细砂糖------- 50 克
盐--------------1 克
鸡蛋-----------1 个
无盐黄油---- 30 克
牛奶 --------- 80 克
食用油 ------ 适量

内馅

柠檬蛋黄酱-- 适量

装饰

细砂糖-------- 适量

做法 Make

1. 将面团材料中的粉类(除盐外)放入大盆中, 搅匀, 再倒入液体类材料和马铃薯泥, 揉成不粘手的面团。

2. 加入无盐黄油和盐, 通过揉和甩打, 使材料被面团完全吸收。

3. 将面团揉圆放入盆中, 包上保鲜膜, 发酵约30分钟。

4. 将柠檬蛋黄酱装入裱花袋中, 用剪刀在裱花袋尖角处剪一个1厘米的孔。

5. 取出面团分成6等份, 表面喷水, 松弛10~15分钟。稍压扁, 挤入少许柠檬蛋黄酱, 收口捏紧并揉圆。

6. 把面团均匀地放在操作台上, 静置发酵约50分钟。

7. 锅中倒油, 待油烧热后, 将小面团放入锅内炸至金黄色, 起锅。

8. 在面包表面撒上一层细砂糖装饰, 即可食用。

「欧陆红莓核桃面包」

时间：150 分钟

原料 Material

面团

高筋面粉---200 克

全麦面粉---- 45 克

黑糖---------- 20 克

酵母粉---------2 克

温水---------150 克

橄榄油------- 16 克

盐-------------- 5 克

红莓干------- 35 克
（切碎）

核桃---------- 35 克
（切碎）

装饰

高筋面粉----- 适量

做法 Make

1. 将黑糖倒入温水中，搅拌至溶化。

2. 将面团材料中的粉类（除盐外）放入大盆中，搅匀。再倒入做法1的材料、橄榄油和盐，拌匀，放在操作台上，揉成不粘手的面团。

3. 加入核桃碎和红莓干碎，用刮刀将面团重叠切拌均匀。

4. 将面团揉圆，放入盆中，包上保鲜膜，发酵 20 分钟。

5. 取出发酵好的面团，分成2等份，揉圆，表面喷少许水，松弛 10~15 分钟。

6. 分别把两个面团擀成椭圆形，然后把面团两端向中间对折，卷起成橄榄形。

7. 把整形好的面团均匀地放在烤盘上，最后发酵约 50 分钟（在发酵的过程中注意给面团保湿，每过一段时间可以喷少许水），在发酵好后在面团表面撒上适量的高筋面粉。

8. 烤箱以上火 180℃、下火 175℃预热，将烤盘置于烤箱中层，烤约 27 分钟，取出即可。

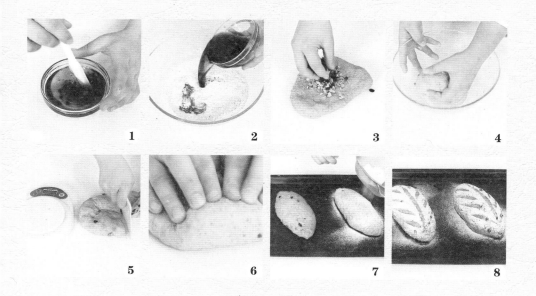

1 2 3 4

5 6 7 8

「葡萄干乳酪面包」

时间：180 分钟

原料 Material

高筋面粉---200 克

细砂糖--------5 克

酵母粉--------2 克

盐-------------1 克

水-----------160 克

葡萄干-------40 克

（温水泡软）

芝士--------120 克

做法 Make

1. 将面团材料中的所有粉类（需留 5~8 克的高筋面粉）放入大盆中，搅匀。

2. 加入水，混合均匀至无粉粒状态，揉成面团。

3. 把面团放在操作台上，稍压扁，加入葡萄干和芝士，用刮刀将面团重叠切拌均匀后，放入盆中，盖上保鲜膜，基本发酵 60 分钟。

4. 取出面团，放入砂锅中，盖上盖子，最后发酵 60 分钟（在发酵的过程中注意给面团保湿，每过一段时间可以喷少许水）。

5. 发酵完后在面团表面撒上剩余的高筋面粉，砂锅放在烤盘上。

6. 砂锅盖上盖子，烤箱以上火 210℃、下火 190℃预热，将烤盘置于烤箱中层，烤 35 分钟，取出即可。

「早餐奶油卷」

时间：120 分钟

原料 Material

高筋面粉-- 250 克
海盐--------- 0.5 克
细砂糖------- 25 克
酵母粉--------- 9 克
奶粉 ----------- 8 克
全蛋液 ------ 25 克
蛋黄 --------- 12 克
牛奶 --------- 12 克
水----------- 117 克
无盐黄油---- 45 克
全蛋液 ------- 适量

做法 Make

1. 将高筋面粉、海盐、细砂糖、奶粉和酵母粉放入搅拌盆中，用手动打蛋器搅拌均匀。

2. 将水、全蛋液、蛋黄、牛奶倒入面粉盆中，用橡皮刮刀搅拌均匀后，手揉面团 15 分钟，至面团起筋。

3. 在面团中加入无盐黄油，用手揉至成光滑的面团即可。

4. 面团放入碗中盖上保鲜膜，发酵约 15 分钟。

5. 将面团分成 4 等份，盖上保鲜膜，再松弛 10 分钟左右。

6. 取出松弛后的面团，用手将其搓成圆锥状。

7. 用擀面杖将其擀平，由宽的一边向尖的一边卷起，将卷好的面团放在烤盘上发酵 30 分钟后刷上全蛋液。

8. 烤箱预热，烤盘放入烤箱，以上、下火 180℃烘烤 10 分钟，至面包表面呈金黄色，再将烤盘转 180°，烘烤 5 分钟即可。

巧克力、糖果、布丁篇

美味的巧克力、糖果、布丁，一口咬下，
甜到心里。这些看似制作困难的小甜点实际非
常容易操作，翻开此篇让你在家也能做出可爱
小甜点，吃个痛快！

「樱桃巧克力」 时间：35分钟

原料 Material

淡奶油------100 克
白巧克力---260 克
无盐黄油---- 40 克
白兰地酒---- 30 克
新鲜樱桃----- 适量

做法 Make

1. 将白巧克力放入钢盆中。

2. 加入无盐黄油。

3. 将二者隔温水熔化，注意水温不要超过 55℃，在熔化的过程中需要不断搅拌，即成巧克力黄油混合物。

4. 倒入淡奶油。

5. 将钢盆放置在常温下，快速将淡奶油与巧克力黄油混合物搅拌均匀。

6. 倒入白兰地酒，继续搅拌均匀，即成巧克力液。

7. 移入冰箱冷藏 15 分钟，取出，将洗净的樱桃放入巧克力液里，使其均匀裹上巧克力液。

8. 装入盘中摆好即可。

「榛果巧克力雪球」

时间：90 分钟

原料 Material

无盐黄油------- 20 克
苦甜巧克力---112 克
淡奶油--------- 60 克

玉米糖浆------- 12 克
榛果粒--------- 25 克
可可粉--------- 10 克

做法 Make

1. 将切碎的苦甜巧克力装入小钢盆里，隔热水熔化，再搅拌均匀。

2. 倒入淡奶油，继续搅拌均匀。

3. 倒入无盐黄油，搅拌至混合均匀。

4. 待温度稍稍降低，倒入玉米糖浆，移入冰箱冷藏1小时。

5. 取出，用电动打蛋器打发，制成巧克力糊。

6. 将巧克力糊装入套有裱花嘴的裱花袋里。

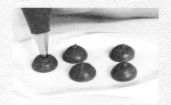

7. 将巧克力糊在盘中挤出大小一致的球，再向上拉高，使之成为圆底尖头的巧克力球。

8. 放上榛果粒做装饰。

9. 将可可粉筛到表面上即可。

「生巧克力」

时间: 90分钟

原料 Material

苦甜巧克力--- 125 克

无盐黄油--------38 克

淡奶油--------- 112 克

可可粉-----------10 克

玉米糖浆--------10 克

做法 Make

1. 将苦甜巧克力放在搅拌盆里，隔温水熔化。

2. 不停地搅拌，直至巧克力质地变光滑。

3. 倒入淡奶油，搅拌至材料混合均匀。

4. 搅拌一会儿至提起橡皮刮刀时，附在上面的巧克力奶油能够顺利地流下来，取出。

5. 倒入无盐黄油，搅拌均匀。

6. 倒入玉米糖浆，继续搅拌一会儿，即成巧克力液。

7. 取边长为 15 厘米的方形慕斯圈，用保鲜膜封住一面，制成慕斯圈的底，将慕斯圈放在砧板上。

8. 将巧克力液倒入方形慕斯圈里。

9. 移入冰箱冷藏 1 小时。

10. 取出冷藏好的巧克力，脱去保鲜膜，放在铺有一层可可粉的砧板上。

11. 将脱模的巧克力切成大小一致的方块。

12. 直接裹上可可粉，装入盘中即可。

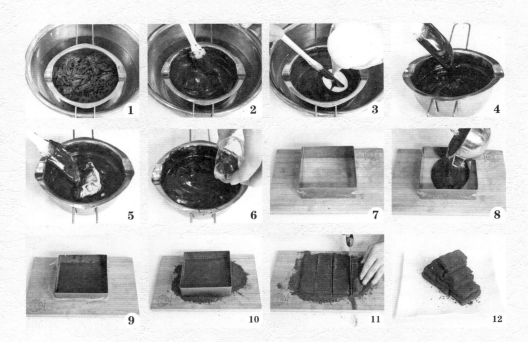

「白松露巧克力」 时间：90 分钟

原料 Material

无盐黄油---- 25 克
苦甜巧克力- 60 克
淡奶油------- 25 克
白兰地酒---- 10 克
防潮糖粉----- 少许

做法 Make

1. 将切碎的苦甜巧克力装入小钢盆里，隔热水熔化，再搅拌均匀。

2. 倒入淡奶油，继续搅拌均匀。

3. 倒入白兰地酒，搅拌均匀。

4. 倒入无盐黄油，搅拌至混合均匀。

5. 移入冰箱冷藏 1 小时，取出后用电动打蛋器打发，即成巧克力糊。

6. 将巧克力糊装入套有圆形裱花嘴的裱花袋里。

7. 将裱花袋在盘中挤出大小不一的球，再向上拉高，使之成为圆底尖头的巧克力球。

8. 将防潮糖粉过筛到巧克力球表面，放至凝固即可。

「豆香牛奶糖」 时间：180 分钟

原料 Material

糖果体

淡奶油------160 克

细砂糖------130 克

果糖---------- 22 克

黄豆粉------- 24 克

无盐黄油---- 16 克

装饰

黄豆粉------- 适量

做法 Make

1. 将淡奶油加热至沸腾。

2. 另取一个锅，放入细砂糖 26 克、果糖，煮至呈焦色。

3. 关火后分多次倒入淡奶油中搅拌均匀。

4. 将细砂糖 104 克、黄豆粉 24 克倒入焦糖淡奶油中加热至 114℃左右。

5. 达到指定温度后，倒入无盐黄油，快速搅拌均匀。

6. 倒入慕斯圈内并放入冰箱冷藏 2 小时以上，使其凝固。

7. 从冰箱中取出并脱模，切成每个长宽各 2 厘米的小方块。

8. 在牛奶糖表面筛上一层黄豆粉装饰即可。

「红茶牛奶糖」

时间： 180 分钟

原料 Material

淡奶油------200 克
牛奶--------150 克
红茶碎末------6 克
细砂糖------180 克
果糖----------20 克
无盐黄油----20 克

做法 Make

1. 取一个小锅，将淡奶油、牛奶、红茶碎末放入锅中开火煮 5 分钟。

2. 用滤网过滤掉红茶碎末。

3. 将红茶牛奶倒入锅中，加入细砂糖、果糖，以小火持续加热至 116℃。

4. 达到指定的温度后关火，倒入无盐黄油，快速搅拌均匀。

5. 将方形的慕斯圈模具底部用保鲜膜封好并将红茶牛奶糖浆倒入。

6. 放入冰箱冷藏 2 小时，使红茶牛奶糖浆凝固。

7. 从冰箱取出凝固好的红茶牛奶糖脱模。

8. 切成每个长 3 厘米 × 宽 1.2 厘米的小块，即可食用。

「焦糖牛奶糖」

时间：180 分钟

原料 Material

香草奶油

麦芽糖------- 50 克

细砂糖------- 30 克

牛奶---------- 70 克

淡奶油------150 克

香草荚------ 1/2 根

焦糖糖浆

细砂糖------120 克

水------------- 10 克

坚果

榛果---------- 20 克

杏仁粒------- 20 克

开心果仁---- 20 克

做法 Make

1. 将麦芽糖、细砂糖 30 克、牛奶、淡奶油、剪成末的香草荚一起倒入锅里，煮至沸腾关火。

2. 过滤掉香草荚，香草奶油完成。

3. 取另一个干净的小锅，将 120 克细砂糖倒入锅里，再倒入水，不用搅拌，等糖煮至呈焦色时关火。

4. 将焦糖糖浆分次倒入香草奶油中，用橡皮刮刀搅拌均匀。

5. 将榛果、杏仁粒、开心果仁切碎，倒入焦糖奶油中，重新开火，边加热边用橡皮刮刀搅拌直至黏稠，焦糖牛奶糖浆完成。

6. 用保鲜膜封好慕斯圈的底部。

7. 倒入糖浆，用橡皮刮刀抹平并放入冰箱冷藏 2 小时至凝固。

8. 最后取出脱模并切成 1 厘米 ×5 厘米大小的糖块即可。

「棉花糖」 时间：90分钟

原料 Material

蛋白---------- 35 克

细砂糖------150 克

葡萄糖浆---- 50 克

水------------ 30 克

吉利丁片---- 10 克

香草精--------- 4 克

粟粉----------- 适量

做法 Make

1. 将细砂糖倒入锅里。

2. 倒入葡萄糖浆和水加热至沸腾（约 120℃）。

3. 将泡软的吉利丁片加热至熔化。

4. 将蛋白倒入搅拌盆中用电动打蛋器打至蛋白发泡，打蛋器尖端的蛋白不会滴下来的状态。

5. 将做法 2 的混合物慢慢倒入做法 4 中（边倒边用电动打蛋器搅拌均匀）。

6. 倒入熔化后的吉利丁片搅拌均匀。

7. 加入香草精继续搅拌成棉花糖浆。

8. 取方形慕斯圈，将慕斯圈的底部包好保鲜膜。

9. 将制好的棉花糖浆倒入方形慕斯圈中，在通风处放置 1 小时至凝固。

10. 揭去底部的保鲜膜，在棉花糖的两面都撒上粟粉。

11. 用刀沿慕斯圈边沿将棉花糖体脱模。

12. 切成适当大小的棉花糖块即可食用。

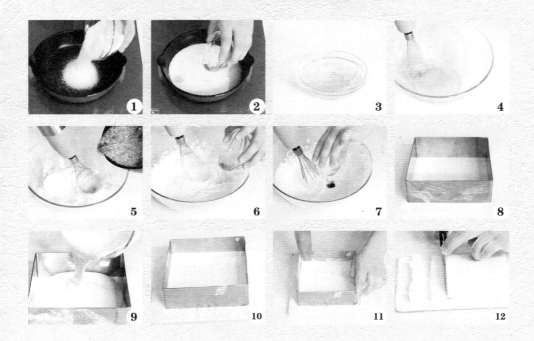

「蔓越莓牛轧糖」

时间：60 分钟

原料 Material

糖果体

熟花生仁---250 克

蔓越莓干---125 克

全脂奶粉---- 88 克

无盐黄油------ 3 克

细砂糖------- 80 克

麦芽糖------280 克

水----------- 50 克

盐------------- 4 克

蛋白--------- 25 克

做法 Make

1. 将熟花生仁放入预热至 170℃的烤箱中层，烘烤 5 分钟直至有香味；将蔓越莓干切碎备用。

2. 全脂奶粉倒入微波炉加热 30 秒后放入熔化成液体的无盐黄油中，搅拌均匀备用。

3. 取一个小锅，加入细砂糖 50 克、麦芽糖、水，加热至 140℃，再倒入盐搅拌均匀（注意不要煮焦）。

4. 蛋白和细砂糖 30 克用电动打蛋器打至硬性发泡成蛋白霜。

5. 将糖浆分多次倒入蛋白霜中，继续搅拌均匀，加入奶粉黄油液搅拌均匀。

6. 加入熟花生仁和切碎的蔓越莓干搅拌均匀，即成牛轧糖。

7. 将牛轧糖放在油纸上，隔着油纸用擀面杖擀成厚度为 1.5 厘米的糖片，冷却后取出切成小块即可食用。

「芒果布丁」

时间：270 分钟

原料 Material

果冻体

芒果酱------100 克
果冻粉------ 25 克
细砂糖------ 20 克
朗姆酒------ 10 克

做法 Make

1. 将芒果酱倒入锅里，边加热边用橡皮刮刀搅拌均匀。

2. 先倒入一部分细砂糖。

3. 搅拌均匀后再倒入剩余的细砂糖，至细砂糖完全与芒果酱融合。

4. 倒入果冻粉，用橡皮刮刀继续搅拌。

5. 倒入朗姆酒搅拌均匀，果冻液完成。

6. 将果冻液倒入甜品杯中抹平，放入冰箱冷藏 4 小时至凝固即可。

「牛奶布丁」

时间：270 分钟

原料 **Material**

吉利丁片------ 2 克
牛奶--------- 200 克
淡奶油------- 90 克
细砂糖------- 30 克

做法 **Make**

1. 将吉利丁片用冰水泡至软化。

2. 准备一个干净的小锅，倒入牛奶。

3. 倒入淡奶油和细砂糖。

4. 加热煮至细砂糖完全溶化（注意不要煮开），至液体边缘冒小泡，关火。

5. 加入泡软的吉利丁片。

6. 开小火，边煮边搅拌，至吉利丁片完全溶化，关火；备用布丁杯。

7. 将液体倒入布丁杯中，室温放凉。

8. 将装有布丁液的布丁杯放入冰箱冷藏 4 小时，至布丁液完全凝固，取出即可。

「鸡蛋布丁」

时间：90 分钟

原料 Material

鸡蛋---------- 92 克

蛋黄---------- 12 克

白砂糖------- 26 克

牛奶---------226 克

淡奶油------- 40 克

鸡蛋壳------- 适量

热水---------- 适量

做法 Make

1. 将蛋黄倒入搅拌盆中，倒入鸡蛋，用手动打蛋器搅拌均匀。

2. 加入白砂糖，再次搅拌均匀。

3. 倒入淡奶油，搅拌均匀。

4. 一边搅拌一边淋入牛奶，拌匀，制成布丁液。

5. 将布丁液用滤网过滤一次。

6. 将蛋壳放在模具中，在蛋壳里注入布丁液。

7. 将模具放入烤盘中，放入烤箱内，在烤盘里注入少许热水。

8. 以上、下火 160℃，烤30 分钟，取出即可。

「焦糖布丁」 时间：90分钟

原料 Material

淡奶油------140 克
牛奶----------- 70 克
蛋黄------------3 个
细砂糖------- 35 克
热水----------- 适量
清水----------- 适量

做法 Make

1. 将奶锅放在电磁炉上，倒入淡奶油。

2. 注入牛奶。

3. 加入 15 克细砂糖，小火加热至冒热气。

4. 倒入搅拌盆中，放置 10 分钟。

5. 倒入蛋黄，搅拌均匀，制成布丁液。

6. 把布丁液过滤一次。

7. 将过滤好的布丁液倒入布丁杯中。

8. 将布丁杯放入烤盘中，放入烤箱内，在烤盘里注入少许热水。

9. 以上、下火 160℃，烤 30 分钟，取出。

10. 将洗净的奶锅放在电磁炉上，倒入剩余的细砂糖。

11. 加入少许清水，小火煮成焦糖，关火。

12. 将焦糖淋在布丁杯中即可。

「法式焦糖烤布蕾」

时间：90 分钟

原料 Material

牛奶--------125 克
淡奶油------125 克
细砂糖------ 50 克
全蛋液------ 15 克

蛋黄----------- 40 克
草莓片-------- 适量
细砂糖-------- 适量

做法 Make

1. 将淡奶油、牛奶、细砂糖先后倒入盆里。

2. 边开小火边搅拌，煮至沸腾，至细砂糖完全溶化。

3. 将全蛋液和蛋黄倒入搅拌盆中，搅拌均匀。

4. 再将做法2中混匀的材料倒入做法3的搅拌盆中，搅拌均匀。

5. 将拌匀的材料过筛至量杯中，去掉杂质。

6. 将过筛的材料倒入布蕾模具，再将模具放在注入水的烤盘上。

7. 将烤盘移入已预热至160℃的烤箱中层，烤约30分钟，取出。

8. 撒上适量细砂糖，再用喷枪将糖烤成焦糖。

9. 将切好的草莓片放在布蕾上做装饰即可。

「香橙烤布蕾」 时间：70分钟

原料 Material

牛奶---------125 克

淡奶油------125 克

细砂糖------ 50 克

全蛋液------ 15 克

蛋黄--------- 40 克

橙酒---------- 12 克

橙皮丁------- 适量

做法 Make

1. 将淡奶油、牛奶、细砂糖先后倒入锅里。

2. 开小火煮至沸腾，至细砂糖完全溶化。

3. 将全蛋液和蛋黄倒入搅拌盆中，搅拌均匀。

4. 将做法 2 中混匀的材料倒入搅拌盆中，搅拌均匀。

5. 倒入橙酒，搅拌均匀。

6. 将搅拌均匀的布蕾液过筛至量杯中。

7. 倒入布蕾模具中，再将模具放在注入了热水的烤盘上，移入已预热至 160℃的烤箱中层，烤约 30 分钟。

8. 待时间到，取出烤好的布蕾，撒上橙皮丁即可。

1 2 3 4

5 6 7 8

Chapter 6

派与酥饼篇

香酥如曲奇口感的派皮与酥饼外皮，Q 弹浓郁的馅料，既像芝士蛋糕又像冰淇淋。变化多端的口感令人回味无穷。快来试着动手做一做吧！

「樱桃甜心千层酥饼」

时间: 75 分钟

原料 Material

酥饼---------- 适量

樱桃果酱
樱桃白兰地酒--- 15 克
细砂糖------------ 90 克
果冻粉-------------3 克

装饰
樱桃----------- 适量
淡奶油-------- 适量
开心果碎----- 少许

做法 Make

1. 千层酥饼的做法见第11页。

2. 将樱桃白兰地酒倒入平底锅中，再倒入细砂糖90克。

3. 边加热边以橡皮刮刀拌匀至细砂糖完全溶化。

4. 倒入果冻粉，边加热边搅拌至材料混合均匀。

5. 盛出装碗，即成樱桃果酱。

6. 将樱桃果酱装入裱花袋，在烤好的酥饼上挤上樱桃果酱。

7. 盖上一块酥饼。

8. 将淡奶油倒入搅拌盆中打发，在酥饼表面挤上一层打发的淡奶油。

9. 将樱桃对半切开，放在淡奶油上装饰，最后撒上开心果碎即可。

「香草棒千层酥饼」

时间: 75分钟

原料 Material

酥饼----------- 适量

香草棒--------- 4 根

南瓜子------- 适量

淡奶油------- 适量

糖粉---------- 适量

做法 Make

1. 千层酥饼的做法见第 11 页。

2. 将淡奶油倒入搅拌盆中，加入适量糖粉打发。

3. 打发好的淡奶油装入套有裱花嘴的裱花袋里。

4. 将淡奶油挤在烤好的酥饼上。

5. 盖上另一片酥饼。

6. 在酥饼表面再挤上几朵花形淡奶油。

7. 撒上南瓜子，摆上香草棒装饰即可。

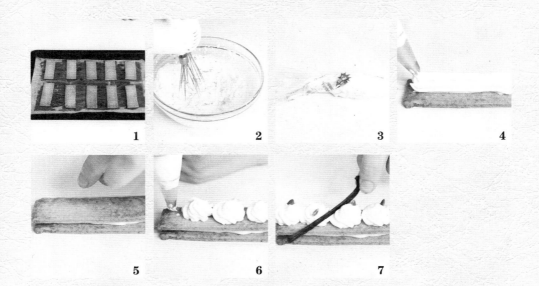

1 2 3 4

5 6 7

「巧克力千层酥饼」

时间：75分钟

原料 Material

酥饼---------- 适量

巧克力奶油

甜奶油------- 50 克

黑巧克力---- 50 克

装饰

巧克力豆----- 适量

薄荷叶-------- 适量

糖粉---------- 少许

做法 Make

1. 千层酥饼的做法见第 11 页。

2. 黑巧克力隔水加热熔化。

3. 将甜奶油倒入搅拌盆中，用电动打蛋器打发。

4. 将熔化的黑巧克力倒入打发的甜奶油中，继续搅打均匀。

5. 将完成的巧克力奶油装入套有裱花嘴的裱花袋里。

6. 将打发的巧克力奶油挤在一块酥饼上，盖上另一块酥饼。

7. 挤上一层巧克力奶油，放上巧克力豆。

8. 将糖粉过筛至表面，装饰薄荷叶即可。

1 2 3 4

5 6 7 8

「卡仕达酥饼」

时间: 60 分钟

原料 Material

高筋面粉---- 65 克

低筋面粉---- 60 克

盐-------------- 2 克

水------------ 63 克

无盐黄油---- 64 克

卡仕达酱----- 适量

糖粉---------- 适量

做法 Make

1. 搅拌盆中筛入高筋面粉、低筋面粉，搅拌均匀，再加入盐搅拌均匀。

2. 分次加入水，用橡皮刮刀搅拌均匀。

3. 用手将面团揉至光滑，擀成厚度为 5 毫米的面皮。

4. 用擀面杖将无盐黄油擀入面皮中。

5. 反复多次折叠擀入，完毕后置于烤盘上，放入烤箱中层烘烤，以 180℃烘烤 30 分钟。

6. 取出烤好的酥饼皮切成块。

7. 烤好的酥饼皮上挤上卡仕达酱后再盖上一层酥饼皮，重复该做法，做出三层的卡仕达酥饼。

8. 在表面撒上糖粉装饰即可。

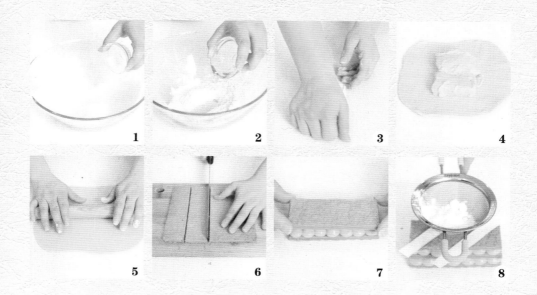

「红糖伯爵酥饼」

时间：50 分钟

原料 Material

无盐黄油---- 80 克

红糖---------- 45 克

全蛋液------- 10 克

低筋面粉---- 80 克

伯爵茶粉------2 克

粟粉---------- 15 克

杏仁片------- 15 克

做法 Make

1. 将室温软化的无盐黄油放入干净的搅拌盆中。

2. 加入红糖，搅拌均匀。

3. 倒入全蛋液，用电动打蛋器搅打均匀。

4. 筛入低筋面粉、伯爵茶粉、粟粉，用橡皮刮刀翻拌至无干粉的状态，制成细腻的酥饼面糊。

5. 将酥饼面糊装入模具中，并用抹刀将表面抹平，装饰上杏仁片。

6. 将模具置于烤盘上，放入预热至 160℃的烤箱中层，烘烤 30 分钟即可。

「西洋梨派」

时间：90 分钟

原料 Material

派皮----------- 适量

馅料

无盐黄油---- 60 克

糖粉--------- 60 克

细砂糖-------- 8 克

全蛋液------ 50 克

杏仁粉------ 60 克

朗姆酒-------- 2 克

装饰

开心果------- 适量

西洋梨罐头--- 1 罐

做法 Make

1. 制作派皮（具体做法见第 10 页）。

2. 取出另一个无水无油的搅拌盆。

3. 加入无盐黄油 60 克，用电动打蛋器低速搅打。

4. 分次加入糖粉 60 克，再加入细砂糖 8 克，每次加入都需要搅打均匀，至无盐黄油呈蓬松羽毛状。

5. 倒入全蛋液继续搅拌，直至全蛋液被完全吸收。

6. 筛入杏仁粉 60 克，倒入朗姆酒，用橡皮刮刀搅拌均匀，制成馅料。

7. 将拌好的馅料装入裱花袋中，从派皮中央向外以画圈的方式填充内馅。

8. 切好西洋梨摆放在派的表面呈放射状。

9. 放入预热至 180℃的烤箱中层，烘烤 10~15 分钟。

10. 将开心果捣碎，撒在边缘做装饰即可。

「焦糖巧克力派」

时间: 90 分钟

原料 Material

派皮----------- 适量

巧克力内馅

淡奶油-------- 100 克

苦甜巧克力---100 克

无盐黄油------- 10 克

装饰

杏仁巧克力-- 适量

核桃---------- 适量

做法 Make

1. 将苦甜巧克力切碎后装入小钢盆里。

2. 隔温水熔化，至巧克力成细腻有光泽的液体。

3. 倒入淡奶油，搅拌均匀。

4. 倒入无盐黄油 10 克，以刮刀充分搅拌均匀。

5. 持续搅拌至呈稠状，提起手动打蛋器材料不易滑落，即成巧克力内馅。

6. 取出烤好的派皮（具体做法见第 10 页）。

7. 将巧克力内馅倒入烤好的派皮内，移入冰箱冷藏 1 小时。

8. 取出后，先放上杏仁巧克力围成圈，再放上核桃即可。

「烤凤梨派」

时间：90 分钟

原料 Material

派皮

无盐黄油---- 65 克

糖粉--------- 45 克

全蛋液------- 15 克

低筋面粉---100 克

杏仁内馅

无盐黄油---- 62 克

细砂糖------- 62 克

全蛋液------- 50 克

杏仁粉------- 62 克

菠萝片------- 75 克

装饰

熟南瓜子----- 少许

草莓-----------1 个

做法 Make

1. 取出烤好的派皮（具体做法见第 10 页）。

2. 将无盐黄油 62 克和细砂糖倒入搅拌盆中，用手动打蛋器搅拌均匀。

3. 将杏仁粉倒入盆中，以橡皮刮刀翻拌至无干粉状态，再用手动打蛋器搅打均匀。

4. 分 3 次倒入全蛋液，边倒边搅拌。

5. 至全蛋液完全融合的状态，即成杏仁内馅。

6. 将杏仁内馅装入烤好的派皮里，用抹刀抹匀。

7. 再将切好的菠萝片放在杏仁内馅上摆成一圈。

8. 中间放上对半切开的草莓，最后撒上切碎的熟南瓜子做装饰即可。

「烤苹果派」

时间：90 分钟

 原料 **Material**

派皮

无盐黄油---- 65 克

糖粉---------- 45 克

全蛋液------- 15 克

低筋面粉---100 克

卡仕达内馅

卡仕达粉---- 40 克

牛奶---------100 克

装饰

苹果-----------1 个

无盐黄油----- 少许

杏仁碎------- 少许

做法 Make

1. 派皮的做法见第10页。

2. 将卡仕达粉倒入搅拌盆中。

3. 边倒入牛奶边搅拌，使材料混合均匀。

4. 持续搅拌至呈稠状，提起手动打蛋器材料不易滑落，即成卡仕达内馅。

5. 将卡仕达内馅倒入烤好的派皮里，再用抹刀抹匀表面。

6. 将苹果切开、去核，再改切成薄片。

7. 将苹果片浸泡在冰水中，以免氧化变黑。

8. 捞出苹果片，一片一片摆在卡仕达内馅上，形成一个完整的圈。

9. 在苹果片表面刷上少许无盐黄油，最后撒上少许杏仁碎做装饰即可。

「巧克力蓝莓派」

时间： 90 分钟

 原料 Material

派皮

无盐黄油---- 65 克

糖粉--------- 45 克

全蛋液------ 15 克

低筋面粉---100 克

巧克力馅

苦甜巧克力- 50 克

淡奶油------ 100 克

草莓香甜酒- 25 克

杏仁内馅

无盐黄油---- 62 克

细砂糖------- 62 克

全蛋液------- 50 克

杏仁粉------- 62 克

装饰

椰丝粉-------- 适量

薄荷叶-------- 适量

蓝莓---------- 80 克

做法 Make

1. 派皮的做法见第 10 页。

2. 将无盐黄油 62 克和细砂糖倒入搅拌盆中，用手动打蛋器搅拌均匀。

3. 将杏仁粉倒入盆中，以橡皮刮刀翻拌至无干粉状态，再用手动打蛋器搅打均匀。

4. 分 3 次倒入全蛋液，边倒边搅拌至完全融合的状态，即成杏仁内馅。

5. 将苦甜巧克力装入小钢盆里，隔水加热，不停搅拌使之完全熔化。

6. 依次倒入淡奶油、草莓香甜酒，以橡皮刮刀拌匀，即成巧克力馅。

7. 将杏仁内馅装入烤好的派皮里，用抹刀抹匀。

8. 在杏仁内馅上倒上巧克力馅，抹匀。

9. 放上洗净的蓝莓，在派皮周围撒上椰丝粉，装饰上薄荷叶即可。

「南瓜派」

时间：90分钟

原料 Material

派皮-----------------------适量
南瓜（煮熟去皮）--- 300 克
淡奶油------------------ 120 克
鸡蛋--------1 个（约 50 克）
蛋黄--------2 个（约 40 克）
红糖-----------------------70 克

做法 Make

1. 将煮熟去皮的南瓜捣成泥，放入碗中。

2. 将 60 克淡奶油倒入南瓜泥中。

3. 用手动打蛋器搅拌均匀。

4. 打入鸡蛋，搅拌均匀。

5. 倒入蛋黄，搅拌均匀。

6. 倒入红糖，继续搅拌均匀。

7. 将剩余的淡奶油倒入南瓜糊中，充分搅拌均匀，装入裱花袋，将南瓜馅注入派皮（具体做法见第 10 页）中。

8. 放入预热至 180℃的烤箱下层烤 40 分钟，取出冷却脱模即可。

1   2   3   4

5   6   7   8

「 核桃派 」 时间: 95 分钟

原料 Material

派皮--------------适量
馅料
鸡蛋--------------1 个
黑砂糖----------40 克
麦芽糖----------60 克
细砂糖---------- 8 克
无盐黄油-------40 克
肉桂粉---------- 2 克
核桃仁----------50 克
装饰
碧根果----------适量

做法 Make

1. 制作派皮（具体做法参见第 10 页）。

2. 将核桃仁切碎。

3. 将无盐黄油 40 克隔水加热熔化。

4. 取另一个搅拌盆，倒入鸡蛋、黑砂糖、麦芽糖、细砂糖 8 克及熔化的无盐黄油，用打蛋器搅拌均匀。

5. 放入肉桂粉和切碎的核桃仁搅拌均匀，馅料完成。

6. 把馅料倒入派皮中。

7. 放上完整的碧根果仁装饰，放入预热至 180℃的烤箱中层烘烤 20 分钟即可。

「巧克力枫糖坚果派」

时间: 95 分钟

原料 Material

派皮------------------适量

枫糖布丁馅

全蛋液------------- 130 克

黄糖------------------60 克

蜂蜜------------------10 克

盐--------------------0.5 克

香草精-------------- 1 克

粟粉------------------ 5 克

无盐黄油（热熔）--25 克

橙皮酒-------------20 克

碧根果--------------70 克

装饰

透明镜面果胶-------适量

柠檬汁---------------适量

朗姆酒---------------适量

整颗碧根果----------适量

开心果碎-------------适量

做法 Make

1. 制作派皮（具体做法参见第 10 页）。

2. 将全蛋液、蜂蜜、黄糖、香草精、盐用橡皮刮刀搅拌均匀。

3. 依次倒入粟粉、熔化后的无盐黄油和橙皮酒拌均匀。

4. 倒入切碎的碧根果，搅拌均匀。

5. 将枫糖布丁馅倒入派皮中，约九分满。

6. 放上整颗碧根果。

7. 放入预热至 170℃的烤箱中层，烘烤约 15 分钟，直至枫糖布丁馅完全凝固，取出放凉脱模。

8. 将镜面果胶加热至熔化，加入柠檬汁和朗姆酒混合均匀，用毛刷刷在派的表面，撒上开心果碎即可。

「糖渍香橙奶酪派」

时间： 45 分钟

原料 Material

派皮---------- 适量
内馅
奶油奶酪---250 克
糖粉---------- 20 克
橙酒--------- 12 克
葡萄干------- 40 克
蜜渍橙丁---- 30 克
装饰
彩色糖针----- 适量

做法 Make

1. 制作派皮（具体做法参见第 10 页）。
2. 将奶油奶酪倒入搅拌盆中。
3. 倒入糖粉 20 克、橙酒、葡萄干和蜜渍橙丁。
4. 用手动打蛋器搅拌均匀，制成内馅。
5. 将内馅倒入烤好的派皮里，用抹刀抹平。
6. 撒上一圈彩色糖针即可。